Excel

超级高手秘典

——精益管理绝妙实例

彭泽军　编著

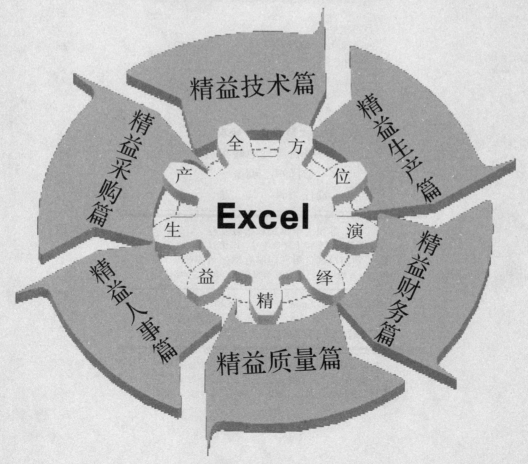

精益技术篇

精益生产篇

精益采购篇

全　方

位

产

Excel

生

演

益

绎

精

精益财务篇

精益人事篇

精益质量篇

苏州大学出版社

图书在版编目(CIP)数据

Excel 超级高手秘典：精益管理绝妙实例 / 彭泽军
编著. —苏州：苏州大学出版社，2012.10
ISBN 978-7-5672-0197-2

Ⅰ.①E… Ⅱ.①鼓… Ⅲ.①表处理软件 Ⅳ.
①TP391.13

中国版本图书馆 CIP 数据核字(2012)第 222728 号

Excel 超级高手秘典
——精益管理绝妙实例

彭泽军　编著

责任编辑　征　慧

苏州大学出版社出版发行

（地址：苏州市十梓街 1 号　邮编：215006）

常州市武进第三印刷有限公司印装

（地址：常州市武进区湟里镇村前街　邮编：213154）

开本 787 mm×1 092 mm　1/16　印张 14.5　字数 360 千
2012 年 10 月第 1 版　2012 年 10 月第 1 次印刷
ISBN 978-7-5672-0197-2　定价：39.00 元

前言 Foreword

　　Microsoft Excel 是微软公司的优秀办公软件,它可以进行各种数据的处理、统计分析和辅助决策操作,广泛地应用于管理、统计、财经、金融等众多领域。本文提及的"精益生产"中,"精"——少投入、少消耗资源、少花时间,减少不可再生资源的投入和耗费;"益"——多产出经济效益。

　　本书主要讲述笔者和同事一道,在运用 Excel 解决精益生产问题的实践中积累的一些精彩案例。读者通过对这些案例的认真阅读,既可以提高 Excel 的综合应用能力,又有助于提高精益生产管理水平。即使读者属于非计算机专业人士,读完此书后也会建立这样的信心:即使不会编程,只要用心、思路得当,也能将 Excel 运用得得心应手,最大程度地服务于精益生产管理,服务于其他行业。本书具有以下几个特点:

　　● 所介绍的精益生产的思想、理论、手段,均源于精益生产实际案例,具有时代感。

　　● 精心挑选在精益生产型公司各部门频繁涉及、针对性强的案例,在读者解决实际问题时具有借鉴性(有些部门案例甚至可以直接使用)。

　　● 以精益生产故事为背景,因此,趣味性强,使读者身历其境,从而对枯燥的 Excel 原理产生兴趣,并能激起阅读和研究的欲望。

　　● 注重对读者思想的启迪和知识面的扩展。

　　● 为了讲述的方便,部分章节较多地采用了类似"插叙"的方法。例如,在连续的"操作步骤"中间会插入与之有关的"函数"或其他知识点。

　　本书共分为 6 章,第 1 章为"精益技术篇",内容主要涉及:"BOM"知识介绍、如何去除"BOM"中多余的空格、"BOM"中"Part No."之间的"父子"关系、"BOM"中的缩写外文翻译问题、图纸管理等。第 2 章为"精益生产篇",内容主要涉及:精益生产方式 JIT 的主要特征表现、生产节奏平稳性等。第 3 章为"精益财务篇"。内容主要涉及:精益盘点、"盘点账"和"账面账"、零部件名称的唯一性等。第 4 章为"精益质量篇",内容主要涉及:品管新旧七大手法、排列图、控制图、直方图、正态分布图、SPC、Ca、Cp、Cpk、打分评价法等。第 5 章为"精益人事篇",内容主要涉及:"九型人格论"、"价值倾向测试理论"等。第 6 章为"精益采购篇",内容主要涉及:三种精益生产管理总体解决方案(ERP、JIT、

TOC)、"EXCEL 采购独立计算系统"等。本书实例均可到苏州大学出版社网站(www. sudapress. com/down. asp)上免费下载。使用本书实例前,请将"宏"的"安全性"选择为"中"(选择路径:"工具"→"宏"→"安全级"→"中")。

本书在写作过程中,得到了薛华女士的大力支持,在此表示感谢。

由于时间仓促,加之笔者水平有限,书中不当之处在所难免,敬请广大读者批评指正。

编　著
2012 年 7 月

目 录 Contents

第 1 章

精益技术篇

本 章 要 点

☞ 热点问题聚焦

1. "BOM"是什么？有何重要性？有哪些结构形式？为何说它是所有精益生产活动的基石？

2. 眼见就一定为实吗？"空"等于"无"吗？怎样远离"BOM"里面看不见摸不着的空格给数据计算带来的困扰？

3. 儿子有父亲。"BOM"里的数据之间，也存在"父子"关系。怎样让"BOM"里的"儿子"自动找到"父亲"呢？

4. 每一家外企，差不多都有自己约定俗成的单词缩写。碰到这种情况，外语学得再好，也无济于事。当今世上，有能轻轻松松翻译"特定公司的特定外文缩写"的软件吗？

5. 简简单单的一个"年月日"，不同的人，有不同的书写习惯。格式是多样了，可既不能排序，又不能筛选，关键时刻急煞人！怎么办呢？

☞ 精益管理透视

"BOM"知识介绍、如何去掉"BOM"中多余的空格、"BOM"中"Part No."之间的"父子"关系、"BOM"中的缩写外文翻译问题、图纸管理等。

☞ Excel 原理剖析

TRIM( )函数、〈Ctrl〉+〈H〉查找替换、用户自定义函数的编写、Excel 自带函数和自定义函数的"相互利用"、数据分列、CONCATENATE( )函数、ROW( )函数、宏的录制、文本格式与日期格式、执行宏的五种方式等。

☞ **研读目的举要**

1. 将自己公司的"BOM"整理得分毫不差,使其成为本公司精益生产的基石。
2. 轻松编写出能翻译"本公司的特定外文缩写"的软件。
3. 远离杂乱无章的日期格式的困扰。

☞ **经典妙联归纳**

材料清单"BOM"分毫不差
翻译软件"DIY"方便实用

1.1 有关精益生产"BOM"的介绍

"BOM"在精益生产中具有极其重要的地位。它是精益生产企业最基础、最严肃的文件,是企业高效准确运转的基石。"BOM"必须被整理得分毫不差,无懈可击。

1.1.1 "BOM"概述

现代企业,同样是造一台机器,一般的企业喜欢把构成产品所需的零部件编号直接写在图纸上,把零部件的数量、各种物理特性、化学特性等要求也简单描述在图纸上。推行精益管理的企业则更讲究,他们把构成产品所需的零部件编号(除了零件号,另外还有图纸号、零件特性文件号等)专门汇总在一个叫"BOM"的文件里,而且要求数据极其精确,以便计算机处理和"ERP"运行。可以说,"BOM"是推行精益管理的企业集约、高效、准确生产的法宝之一。

"BOM"是英文 Bill Of Material 的缩写,意思是构成产品所需的材料清单。"BOM"由技术部门编制、修改和维护,所有部门同一时间同一产品使用同一版本的"BOM"。其他部门有建议权,无修改权。

生产部依据"BOM"生产组装,采购部依据"BOM"采购,财务部依据"BOM"计算成本,销售部依据"BOM"提供产品。"ERP"软件更是以"BOM"为基础。可见,"BOM"是企业基础性的、严肃的文件,是企业高效、准确运转的基石。"BOM"如果不准确,企业所有的事情将会打折扣,数据将会变成"垃圾",而"ERP"更将无法运行。

"BOM"在美资、德资、日资等企业各不相同,笔者见过的有整体式、组合式和树状结构式等。

整体式"BOM"是指将某一产品所需的各零部件材料清单汇总在一起,即一个产成品一份材料清单。一些产成品品种少、结构单一的企业大多采用这种方式。

组合式"BOM"是指各零部件材料清单分别存放,构成某一特定产品所需的材料清单由这些零部件材料清单组合而成。适用于产成品品种多、结构较复杂的企业。

树状结构式"BOM"是指某一特定产品由 A、B、C 等几大部件组成,有一份清单;A 部件由 A1、A2、A3 等零件组成,有一份清单;B 部件由 B1、B2、B3 等零件组成,有一份清单……A1 部件由 A11、A12、A13 等小零件组成,有一份清单……直到不可分。适用于产成品品种少、结构较复杂的企业。

实际上,上述三种结构的"BOM"本质上没有区别,对于 Excel 而言,只是材料清单放在一个"Sheet"和几个"Sheet"的问题。

本书以组合式"BOM"为例,讲述"BOM"在精益生产过程中的作用、常见问题以及解决这些方法。

1.1.2　"BOM"实例

ABC 公司是一家采用丰田汽车生产模式生产发动机的公司,所有零件全部采购,自己负责组装。下面以 ABC 公司的电机(如图 1-1)为例,具体介绍"BOM"。

图 1-1　ABC 公司的电机图

该公司电机分为五大部分,其结构如图 1-2 所示。

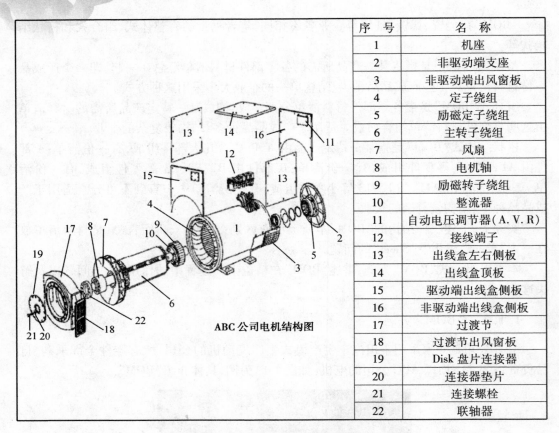

序　号	名　称
1	机座
2	非驱动端支座
3	非驱动端出风窗板
4	定子绕组
5	励磁定子绕组
6	主转子绕组
7	风扇
8	电机轴
9	励磁转子绕组
10	整流器
11	自动电压调节器（A.V.R）
12	接线端子
13	出线盒左右侧板
14	出线盒顶板
15	驱动端出线盒侧板
16	非驱动端出线盒侧板
17	过渡节
18	过渡节出风窗板
19	Disk 盘片连接器
20	连接器垫片
21	连接螺栓
22	联轴器

ABC 公司电机结构图

图 1-2　ABC 公司的电机结构图

第一部分：机械组件（1. 机座、2. 非驱动端支座、3. 非驱动端出风窗板）；

第二部分：定子组件（4. 定子绕组、5. 励磁定子绕组）；

第三部分：转子组件（6. 主转子绕组、7. 风扇、8. 电机轴、9. 励磁转子绕组、10. 整流器）；

第四部分：电器组件（11. 自动电压调节器（A.V.R）、12. 接线端子、13. 出线盒左右侧板、14. 出线盒顶板、15. 驱动端出线盒侧板、16. 非驱动端出线盒侧板）；

第五部分：连接组件（17. 过渡节、18. 过渡节出风窗板、19. Disk 盘片连接器、20. 连接器垫片、21. 连接螺栓、22. 联轴器）。

表 1-1 为 ABC 公司生产的电机结构五大部件中每种部件的可选项。

表 1-1　ABC 公司电机“BOM”部件可选项

机械组件	定子组件	转子组件	电器组件	连接组件
M1	SA	RA	E1	1 = SAE1-14
M2	SB	RB	E2	2 = SAE1-18
	SC	RC		3 = SAE0-14
	SD	RD		4 = SAE0-18
				5 = SAE00-18
				6 = SAE00-21

表 1-2 为 ABC 电机型号的定义。例如，ABC1A24 表示品牌为 ABC 的发电机，机械组件为 M1、定转子为 A 系列、电器组件为 E2、连接组件为 4(即 SAE0-18)。

表 1-2　ABC 公司电机型号的定义

ABC	1	A	2	4
发电机品牌	机械组件 = M1	定子和转子组件 = SA	电器组件 = E2	连接组件 = 4(SAE0-18)

如图 1-3 所示是“ABC 公司生产的电机‘BOM’”表，其中：

Sheet“M1”存放“机械组件 1”，Sheet“M2”存放“机械组件 2”；Sheet“SA”存放“定子组件 A”，…，Sheet“SD”存放“定子组件 D”；Sheet“RA”存放“转子组件 A”，…，Sheet“RD”存放“转子组件 D”；Sheet“E1”存放“电器组件 1”，Sheet“E2”存放“电器组件 2”；Sheet“SAE1-14”存放“连接组件 1(SAE1-14)”，…，Sheet“SAE00-21”存放“连接组件 6(SAE00-21)”。

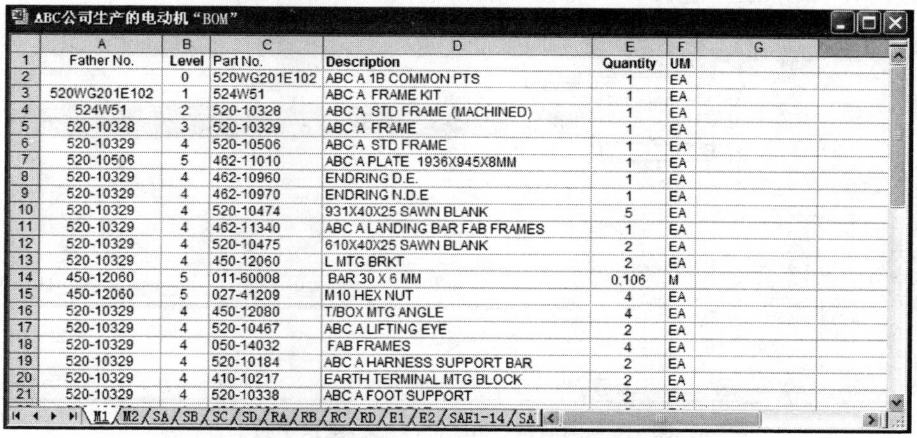
ABC公司生产的电动机“BOM”

	A	B	C	D	E	F	G
1	Father No.	Level	Part No.	Description	Quantity	UM	
2		0	520WG201E102	ABC A 1B COMMON PTS	1	EA	
3	520WG201E102	1	524W51	ABC A FRAME KIT	1	EA	
4	524W51	2	520-10328	ABC A STD FRAME (MACHINED)	1	EA	
5	520-10328	3	520-10329	ABC A FRAME	1	EA	
6	520-10329	4	520-10506	ABC A STD FRAME	1	EA	
7	520-10506	5	462-11010	ABC A PLATE 1936X945X8MM	1	EA	
8	520-10329	4	462-10960	ENDRING D.E.	1	EA	
9	520-10329	4	462-10970	ENDRING N.D.E	1	EA	
10	520-10329	4	520-10474	931X40X25 SAWN BLANK	5	EA	
11	520-10329	4	462-11340	ABC A LANDING BAR FAB FRAMES	1	EA	
12	520-10329	4	520-10475	610X40X25 SAWN BLANK	2	EA	
13	520-10329	4	450-12060	L MTG BRKT	2	EA	
14	450-12060	5	011-60008	BAR 30 X 6 MM	0.106	M	
15	450-12060	5	027-41209	M10 HEX NUT	4	EA	
16	520-10329	4	450-12080	T/BOX MTG ANGLE	4	EA	
17	520-10329	4	520-10467	ABC A LIFTING EYE	2	EA	
18	520-10329	4	050-14032	FAB FRAMES	4	EA	
19	520-10329	4	520-10184	ABC A HARNESS SUPPORT BAR	2	EA	
20	520-10329	4	410-10217	EARTH TERMINAL MTG BLOCK	2	EA	
21	520-10329	4	520-10338	ABC A FOOT SUPPORT	2	EA	

M1 / M2 / SA / SB / SC / SD / RA / RB / RC / RD / E1 / E2 / SAE1-14 / SA

图 1-3　“ABC 公司生产的电机‘BOM’”表

可见，组合式“BOM”是将一种部件的材料清单存放在一个“Sheet”里。在 Sheet“M1”

里，"Level"列表示该零件在整个部件里所处的地位和级别。"1"由"2"组成，"2"由"3"组成，"3"由"4"组成……数值越大，越是小零（部）件。"Part No."列表示零件号，在同一公司的同一零部件或产品，其零件号是唯一的；"Description"列表示零件名称；"Quantity"列表示数量；"UM"列表示单位，其中"EA"表示"个"，"M"表示"米"。

有的公司还根据需要，列出零件的"Drawing No."，表示零件的图纸号或标准号，图纸号可能与零件号相同，也可能不同，因为有可能几个零件共用同一图纸；"Issue No."表示零件图纸的版本号；"Item Property No."表示零件特性文件号，零件特性文件专门描述零件必须达到的各种物理特性、化学特性等要求；"Warehouse No."表示零件存放所在仓库位置编号；等等。

虽然不同公司的"BOM"所列项有所不同，但同一列存放的数据具有相同的类型。

1.2 【绝妙实例1】"空"与"无"

1.2.1 "空"不是"无"

某天，生产部的 Erick 在老板那里告状，说采购部新来的 Peter 将"Part No."为"520-10329"的"END RING D. E."漏订货，严重耽误生产。

Peter 说："我在订单里列出了'Part No:520-10329'，可我用 VLOOKUP( )函数（查找与引用函数，本书第 3 章将介绍）自动搜寻技术部编的'BOM'，没找到'520-10329'。"

技术部的 Mark 同时按〈Ctrl〉+〈F〉键，电脑屏幕上弹出如图 1-4 所示的对话框，Mark 往"查找内容"文本框中输入"520-10329"后回车，在 C5 单元格，"520-10329"立马出现。

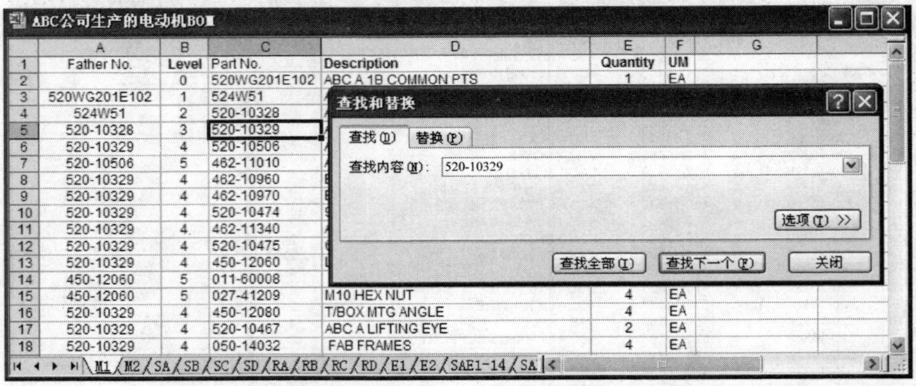

图 1-4　同时按〈Ctrl〉+〈F〉键，查找字符

Mark 冲着 Peter 说:“这不是‘520-10329’吗?”

Peter 当天被老板训了一顿,心情比较低落。后来 Peter 找到笔者,并一脸苦恼地询问笔者究竟怎么回事。

笔者把鼠标放在 C5 单元格,再将鼠标放在数据编辑区,发现鼠标并不是紧跟“520-10329”之后,而是有一段距离,如图 1-5 所示。

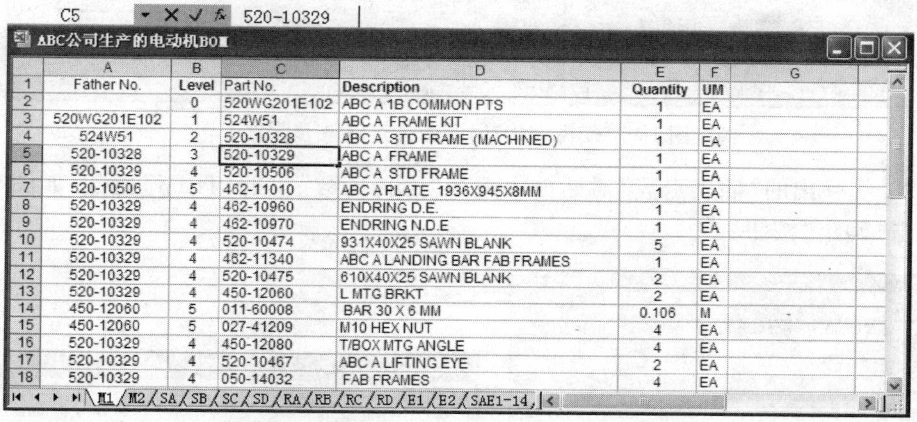
C5 520-10329

ABC公司生产的电动机BOM

	A	B	C	D	E	F	G
1	Father No.	Level	Part No.	Description	Quantity	UM	
2		0	520WG201E102	ABC A 1B COMMON PTS	1	EA	
3	520WG201E102	1	524W51	ABC A FRAME KIT	1	EA	
4	524W51	2	520-10328	ABC A STD FRAME (MACHINED)	1	EA	
5	520-10328	3	520-10329	ABC A FRAME	1	EA	
6	520-10329	4	520-10506	ABC A STD FRAME	1	EA	
7	520-10506	5	462-11010	ABC A PLATE 1936X945X8MM	1	EA	
8	520-10329	4	462-10960	ENDRING D.E.	1	EA	
9	520-10329	4	462-10970	ENDRING N.D.E	1	EA	
10	520-10329	4	520-10474	931X40X25 SAWN BLANK	5	EA	
11	520-10329	4	462-11340	ABC A LANDING BAR FAB FRAMES	1	EA	
12	520-10329	4	520-10475	610X40X25 SAWN BLANK	2	EA	
13	520-10329	4	450-12060	L MTG BRKT	2	EA	
14	450-12060	5	011-60008	BAR 30 X 6 MM	0.106	M	
15	450-12060	5	027-41209	M10 HEX NUT	4	EA	
16	520-10329	4	450-12080	T/BOX MTG ANGLE	4	EA	
17	520-10329	4	520-10467	ABC A LIFTING EYE	2	EA	
18	520-10329	4	050-14032	FAB FRAMES	4	EA	

M1 / M2 / SA / SB / SC / SD / RA / RB / RC / RD / E1 / E2 / SAE1-14,

图 1-5 零件号后面有空格

笔者说:“C5 单元格存放的不是‘520-10329’,而是‘520-10329 + 空格’,而你的订单里列出的是‘520-10329’,用 VLOOKUP( ) 函数当然搜寻不到。”

Peter 对 Mark 说:“你输入不小心,单元格里输入不应该有空格,给我造成麻烦,你说怎么办?”Mark 说:“谁都会出错误,再说空格在屏幕上又不易发现。”

见二人相持不下,笔者上前解围道:“教你们一招。”

1.2.2 使用 TRIM( ) 函数去空格

下面是笔者教 Peter 和 Mark 用 TRIM( ) 函数去空格的方法:

(1) 选中所有页面,将鼠标放在 G2 单元格,选择工具栏里的“其他函数”,如图 1-6 所示。

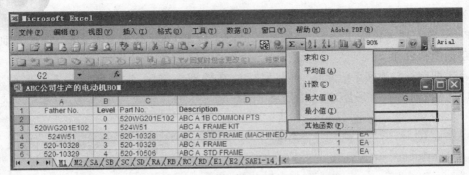

图 1-6　使用 TRIM( ) 函数去空格-4 步骤之 1

（2）在弹出的"插入函数"对话框中选择"选择函数"里的"TRIM"函数，如图 1-7 所示，单击"确定"按钮。

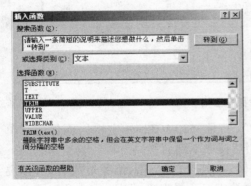

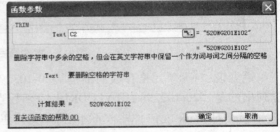

图 1-7　使用 TRIM( ) 函数去空格-4 步骤之 2　　　图 1-8　使用 TRIM( ) 函数去空格-4 步骤之 3

（3）弹出"函数参数"对话框，在"Text"文本框中输入"C2"（或直接用鼠标选取 C2 单元格），如图 1-8 所示，单击"确定"按钮。

（4）将鼠标对准 G2 单元格的填充句柄往下拖曳，C 列所有"Part No."在 G 列同行对应出现，如果 C 列"Part No."后面有空格，则被去掉（如图 1-9）。

图 1-9　使用 TRIM( ) 函数去空格-4 步骤之 4

（5）单击鼠标右键，如图 1-10 所示，选择快捷菜单中的"复制"命令。

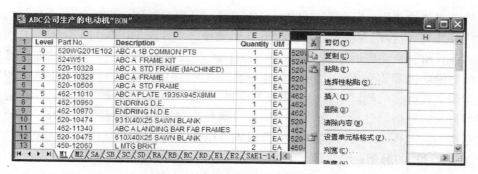

图 1-10 选择性粘贴-3 步骤之 1

（6）区域不变，单击鼠标右键，选中快捷菜单中的"选择性粘贴"命令，如图 1-11 所示。

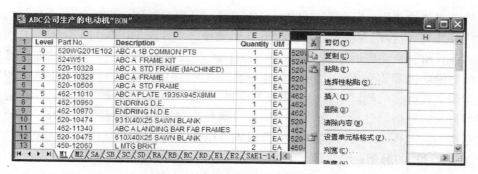

图 1-11 选择性粘贴-3 步骤之 2

（7）在"选择性粘贴"对话框中选择"数值"单选按钮，如图 1-12 所示，单击"确定"按钮。

（8）鼠标停留原区域，单击鼠标右键，选中快捷菜单中的"剪切"命令。

（9）鼠标移到 C2 单元格中，单击鼠标右键，选中快捷菜单中的"粘贴"命令，并将文件存盘。

至此，所有"Sheet"中 C 列的"Part No."前、后完全没有空格。

Mark 学会"TRIM（ ）函数去空格"后，马上将 ABC 公司的"BOM"中的"Part No."前、后所有空格全去掉，以为万事大吉，再不会出现类似问题。并且觉得 Excel 函数很神奇，就向笔者请教有关 Excel 函数的相关知识。

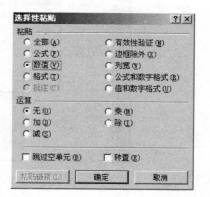

图 1-12 选择性粘贴-3 步骤之 3

笔者对他说："Excel 函数分数学和三角、统计、日期与时间、文本、逻辑、数据库、查阅和引用等几类，内容博大精深；但所有 Excel 函数操作步骤跟 TRIM( )函数差不多，而且你操作时计算机会自动告诉你该函数的功能，自学、使用都相当方便。只不过你自己要搞清楚函数的功能和你要求的功能是不是一致。例如，你用 TRIM( )函数去空格，TRIM( )函数清楚地告诉你：'删除字符串中多余的空格，但会在英文字符串中保留一个作为词与词之间分隔的空格'，这就是说，你用 TRIM( )函数去空格，去的只是'Part No.'后面或前面的空格，万一'Part No.'中间有空格，TRIM( )函数会保留一个空格，'520-10329'不等于'520-1 0329'的悲剧还会重演。"

Mark 说："看来 TRIM( )函数最适合于去掉'BOM'中'Description'列对零件的描序中的空格；'Part No.'要求前、中、后均无空格，TRIM( )函数还不能保证万无一失。Excel 函数中有去掉字符串中所有空格的函数吗？"

笔者回答："没有这样现成的函数，但可以考虑使用其他方法来达到这样的目的。"

1.2.3　使用〈Ctrl〉+〈H〉组合键去空格

下面介绍笔者教 Peter 和 Mark 去掉文件中多余空格的方法：使用〈Ctrl〉+〈H〉组合键去空格。

（1）选中所有页面，如图 1-13 所示，选中要去空格的 C 列，同时按〈Ctrl〉+〈H〉键，系统弹出"查找和替换"对话框，在"查找内容"文本框中输入一个空格，单击"全部替换"按钮。

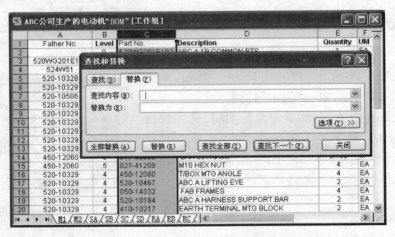

图 1-13　使用〈Ctrl〉+〈H〉组合键去空格-2 步骤之 1

（2）屏幕弹出如图 1-14 所示的对话框，单击"确定"按钮，文件存盘。

至此，所有 C 列的"Part No."完全没有空格。

Mark 学会用〈Ctrl〉+〈H〉组合键去空格法后，越用体会越深刻，对笔者说："这一招又是'无'又是'空'的,倒有点佛学的味道!"

笔者说:"修佛之人,开始修到'空'的境界,但因执著于'空',心中实有;待到师傅一声棒喝,连'空'的执著也荡然无存,达到执著全无的'无'的境界:成佛了! 我试着用一无所有的'无'替代并非一无所有的'空',去掉了所有空格。"

图 1-14　使用〈Ctrl〉+〈H〉组合键
去空格-2 步骤之 2

Mark 感慨地说:"没想到计算机原理和佛理相通啊!"

1.3　【绝妙实例 2】　"父"与"子"

世上的"子"皆有"父","BOM"里的数据之间,也存在"父子"关系。

1.3.1　"子项"自动找"父项"

话说 ABC 公司正在筹备上 ERP 项目,项目经理 James 遇到一道难题。

	A	B	C	D	E	F	G	H	
1	Father No.	Level	Part No.	Description	Quantity	UM	Drawing No.	Issue No.	
8	403939	2	582031	BRACKET	1.00	SET	582031	B	
9	582031	3	490616	ABC1 DE BRACKET	1.00	EA	490616	F	
10	582031	3	564998	ABC1 NDE BRACKET	1.00	EA	564998	A	
11	403939	2	818852	ABC1D FAN	1.00	EA	818852	B	

图 1-15　单元格 A9 是单元格 C9 父项的"Part No."

要在"BOM"中插入一行"Father No.",填写某个子项零部件的父项"Part No."。例如,单元格 C9 的"Part No."为"490616"的零件是"ABC1 DE BRACKET",在"BOM"中它的上一级零部件是"BRACKET","BRACKET"的"Part No."是"582031",就必须将"582031"填在和"490616"同行的 A9 单元格中,如图 1-15 所示。

如果一台机器 A 是父项,构成它的 A1、A2……就是子项,而构成 A1 的 A11、A12……又是 A1 的子项,以此类推。James 遇到这道难题是让 A11、A12……找 A1,A1、A2……找 A,形象地说就是让儿子找父亲。因为 ERP 本质上讲是一种关系型的数据库,各种数据处理就是依据这种相对的"父子"关系进行的。James 是想在 Excel 里将"BOM"里"Part No."之间的这种关系整理好,再将 Excel 里"BOM"导入 ERP。

当然,在 ERP 中也可以直接建立这种关系,但必须一个一个零部件建立,这就比较繁琐了。如果手动一个一个在 Excel 里拷贝,既辛苦,又花时间。更可怕的是,在"眼花缭乱"之际,容易将"Part No."之间的"父子"关系搞错。最好是能编一个程序,让子项"Part No."自动地找到它的"父亲"。

1.3.2 自定义函数 ff( ),让"子项"找"父项"

笔者编写了一个用户定义函数 ff( ),让子项"Part No."自动地找到它的父项。

📖 用户定义函数是 Excel 里本身没有、用户根据需要自己编辑而成的。用户定义函数的名称,不能与 Excel 自带的函数名或其他宏名相同,这里"ff"是"find father"的缩写,即寻找父亲的意思。

下面是用户定义函数 ff( )的使用步骤:

(1) 在 A2 单元格中输入函数"=ff(ROW( ))",如图 1-16 所示。或者在 A2 单元格中插入函数,选择"用户定义",如图 1-17 所示,再选择"ff"(只有事先编好了用户定义函数 ff( ),才会弹出),单击"确定"按钮,弹出如图 1-18 所示的"函数参数"对话框,在"X"文本框中输入"ROW( )",单击"确定"按钮。观察编辑栏中出现了函数"=ff(ROW( ))"。

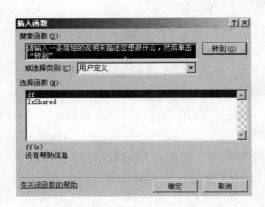

图 1-16 在 A2 单元格中输入"=ff(ROW( ))"

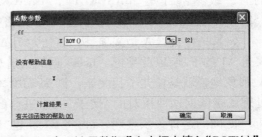

图 1-17 利用菜单插入自定义函数 ff( )　　图 1-18 在 ff( )函数"X"文本框中填入"ROW( )"

（2）鼠标停留在刚才的填充句柄上，如图1-19所示，拖曳鼠标左键，则与A列对应的单元格中填入了各自的父项"Part No."。鼠标停留在刚才填充句柄拖曳区域，单击鼠标右键，选择快捷菜单中的"复制"命令；鼠标停留在原区域，再单击鼠标右键，选中快捷菜单中的"选择性粘贴"命令，选中"数值"，单击"确定"按钮，则B列单元格中各自父项"Part No."不再含函数ff( )。

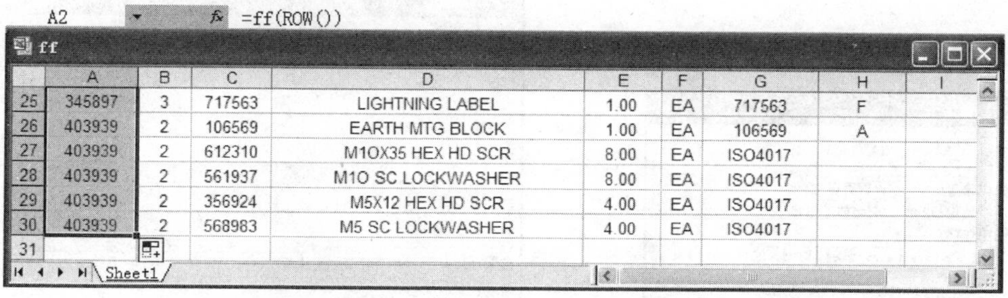

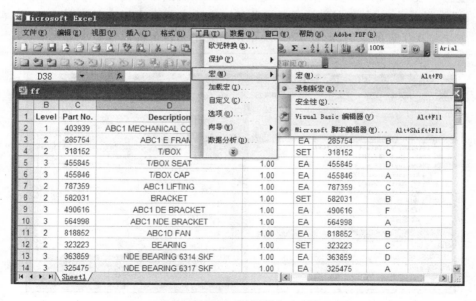

图1-19 拖曳"ff( )函数"

1.3.3 自定义函数 ff( )的编写

下面详细介绍用户定义函数ff( )的程序编写步骤。

（1）选择"工具"→"宏"→"录制新宏"命令，如图1-20所示。

图1-20 录制新宏

（2）弹出"录制新宏"对话框，在"宏名"文本框中输入"ff"，如图1-21所示，单击"确定"按钮。

（3）选择"工具"→"宏"→"停止录制"命令。

（4）选择"工具"→"宏"命令（如图1-20），屏幕弹出如图1-22所示的对话框。"宏名"选择"ff"，单击"编辑"按钮。

图1-21　新宏起名"ff"

图1-22　自定义函数 ff( ) 的 VBA 编辑-2 步骤之 1

📖 从屏幕上弹出的如图1-23所示窗口中可以看出，"ff. xls-模块1（代码）"窗口内的 Office 系列内嵌的宏语言（Visual Basic For Application，VBA）结构特点：以"Sub + 空格 + 宏名 + ( )"开头，用"End + 空格 + Sub"结尾，中间类似"′ + 空格 + ff Macro"为解释性句子，不起实质性语法作用。由于本例中宏的录制刚刚开始，就单击方块结束了宏的录制，所以 1 ~ 3 步录制的宏中无任何实质性起作用的语言。

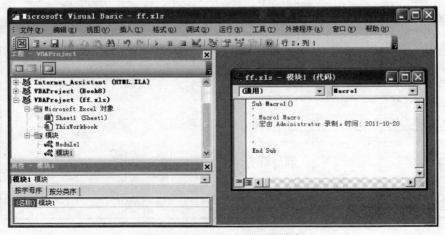

图1-23　VBA 语言的结构特点

（5）将图 1-23 中"ff.xls-模块 1（代码）"窗口内的 VBA 语言改成如图 1-24 所示的内容，将文件存盘。则以后打开该文件，用户定义函数 ff( ) 就可以像 Excel 内自带的函数一样使用。

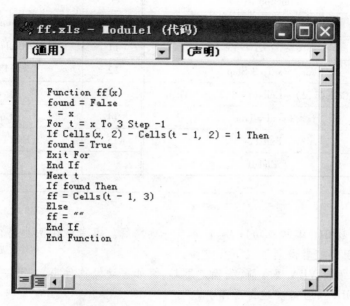

图 1-24　自定义函数 ff( ) 的 VBA 编辑-2 步骤之 2

1.3.4　自定义函数 ff( ) 程序原理

为使读者理解自定义函数 ff( ) 的含义，下面对其 VBA 进行解读。为便于解读，我们将程序标上行号（如表 1-3）。

（1）第 1 行和第 15 行是 VBA 语言中专门编写自定义函数的格式语句。以"Function + 空格 + 函数名称 +（变量）"开头，以"End Function"结尾。

（2）第 2 行和第 6 行为逻辑语句，第 2 行初设为假，在第 5 行满足条件后为真。

（3）第 3 行、第 4 行、第 7 行、第 9 行为循环语句，步长 Step = −1，如果第 5 行满足条件，则跳出循环。

（4）第 5 行和第 8 行为条件语句，作用是判断 B 列中 x 行上面最邻近的哪一行的值比 x 行的值小 1，从而确定这一行，即（t-1）行。

（5）第 10 行到第 14 行为条件语句，假如 B 列中 x 行上面有最邻近的一行的值比 x 行的值小 1，则 ff( ) 函数的结果 =（t-1）行 C 列单元格的值；否则，ff(x) 的结果 =""（即无任何内容）。

15

表1-3 自定义函数 ff( ) 程序原理

行数	VBA 语句代码	行数	VBA 语句代码
1	Function ff(x)	9	Next t
2	found = False	10	If found Then
3	t = x	11	ff = Cells(t − 1,3)
4	For t = x To 3 Step − 1	12	Else
5	If Cells(x,2) − Cells(t − 1,2) = 1 Then	13	ff = ""
6	found = True	14	End If
7	Exit For	15	End Function
8	End If		

📖 自定义函数 ff( ) 编写成功后,笔者颇有一些感想。笔者能在两小时内就编成了此程序,是因为笔者做到了以下几方面:

(1) 编辑 VBA 语言前,先确定思路,假如手动做这件事,一步一步会怎么做? 然后用 VBA 语言落实这种思路。

(2) 一种思路行不通,不妨逆向思考一下。有的人也用循环句和条件句镶套,但他们想的是从 Excel 表格的上一行往下一行循环(Step = 1),结果,循环句没有办法收尾;而笔者反其道而行之,从 Excel 表格的下一行往上一行循环(Step = − 1),从而取得成功。

(3) 用普通函数 ROW( ),配合自定义函数,得到 ff(ROW( )),取得了较好的效果。熟悉 VBA 语言很重要,但用开阔的思路驾驭它,更重要。

1.4 【绝妙实例3】 "英"与"汉"

普通的英语(或者其他语言),在网络和软件高度发达的今天,将它们翻译成汉语是件极其简单的事。但是,要在几分钟内一口气翻译出包含许多特定公司的特定单词缩写(比如:"DE"表示"驱动端"等)的句子,并非易事!

1.4.1 英文缩写,难倒翻译官

话说外资企业的"BOM"中的"Description"(零件名称)大多是英文,中方员工有很大部分人看不懂,必须翻译成汉语。

如果是平常普通的英译汉,事情还好办,可外国人喜欢在"BOM"里弄一些英汉辞典里也查不到的英文缩写,而且不同的公司有不同的缩写习惯。例如,在 ABC 公司的"BOM"里"DE"就是"驱动端"的意思。这也好办,让技术部的人将这些缩写习惯编成一个对照表不就行了吗? 可 ABC 公司的"BOM"内存有几十 GB 之多,这样一个一个单词翻译,怎么能行?

虽然说 ABC 公司的 James 的英文水平可以说和英国人一样好,可这件事也让他头疼了! 于是,James 召集大家开会,大伙都觉得应该用编程的方法来解决这个问题。可是,谁能编好这个程序呢? 大家最后推荐笔者,让笔者克服"ABC 公司特有的缩写习惯"这一难题,编写一个程序,可以自动解决 ABC 公司英译汉的问题。

下面就介绍打造"英译汉"软件"Translate Soft Of Excel(DIY)"的总体步骤,让读者先有一个整体印象,再对每一个具体步骤作详细介绍。

1.4.2 打造"英译汉"软件的总体步骤

打造"英译汉"软件"Translate Soft Of Excel(DIY)",需要 5 个步骤:拆分句子、编制英汉对照表、编写"英汉对照"自定义函数、合成句子、录制"英译汉"宏。

下面对这 5 个步骤作简要介绍。

(1)拆分句子。由于 Excel 是以单元格为单位进行数据处理的,要用 Excel 自动翻译"BOM"中的英文"Description",必须将放在单元格里的英文"Description"句子先拆成一个个单词,一个单词放在一个单元格里。如图 1-25 所示,E 列单元格里的英文被拆成一个个单词,分别放在 S ~ W 列对应的单元格里。

	E	F	S	T	U	V	W
1	Description		Description				
2	ABC1 MECHANICAL COMMON PTS		ABC1	MECHANICAL	COMMON	PTS	
3	ABC1 E FRAME		ABC1	E	FRAME		
4	T/BOX		T/BOX				
5	T/BOX SEAT		T/BOX	SEAT			
6	T/BOX CAP		T/BOX	CAP			
7	ABC1 LIFTING		ABC1	LIFTING			
8	BRACKET		BRACKET				
9	ABC1 DE BRACKET		ABC1	DE	BRACKET		
10	ABC1 NDE BRACKET		ABC1	NDE	BRACKET		
11	ABC1D FAN		ABC1D	FAN			
12	BEARING		BEARING				
13	NDE BEARING 6314 SKF		NDE	BEARING	6314	SKF	
14	NDE BEARING 6317 SKF		NDE	BEARING	6317	SKF	
15	CART		CART				
16	ABC1D NDE CART		ABC1D	NDE	CART		
17	ABC1D DE CART		ABC1D	DE	CART		
18	BEARING		BEARING				
19	ABC1 NDE BEARING CAP		ABC1	NDE	BEARING	CAP	
20	ABC1 DE BEARING CAP		ABC1	DE	BEARING	CAP	
21	LABEL		LABEL				
22	EARTH LABEL		EARTH	LABEL			
23	SAFETY LABEL		SAFETY	LABEL			
24	WARNING LABEL		WARNING	LABEL			

说明 / 英汉对照 / 翻译实例

图 1-25　将句子拆成单词

（2）编制英汉对照表。整理出一个"BOM"里的特定习惯英汉对照表，如图 1-26 所示。

（3）编写"英汉对照"自定义函数。该函数的功能为：英汉对照表里有的英文按照表格里的对应关系将其翻译成汉语；英汉对照表里没有的部分则不翻译，按原文照抄。如图 1-27 所示的 S ~ W 列单元格的内容，经过"英汉对照"自定义函数的处理，在 AA ~ AE 列中对应地被翻译成汉语。

（4）合成句子。运用 CONCATENATE（）函数将 AA ~ AE 等列单元格里的内容合并，放在 F 列单元格里。之后，将 S ~ W 列、AA ~ AE 列单元格里的内容删除，如图 1-28 所示。

（5）录制"英译汉"宏。在前面 4 步明确以后，录制一个"宏"，将这 4 步串联起来，一气呵成地完成翻译任务。

下面逐一详细介绍打造"英译汉"软件的几个主要分步骤。

	A	B
1	WARNING	警告
2	T/BOX	出线盒
3	SEAT	座
4	Description	零件名称
5	SCR	螺钉
6	SC	锁紧
7	SAFETY	安全
8	PTS	部件
9	NDE	非驱动端
10	MTG	安装
11	MECHANICAL	机械
12	LOCKWASHER	弹垫
13	LIGHTNING	闪电
14	LIFTING	吊攀
15	LABEL	标识
16	HEX	六角
17	HD	头
18	FRAME	机座
19	FAN	风扇
20	EARTH	接地
21	DE	驱动端
22	COMMON	公共
23	CART	座
24	CAP	盖
25	BRACKET	支架盖
26	BLOCK	块
27	BEARING	轴承

英汉对照

图 1-26　特定习惯英汉对照表

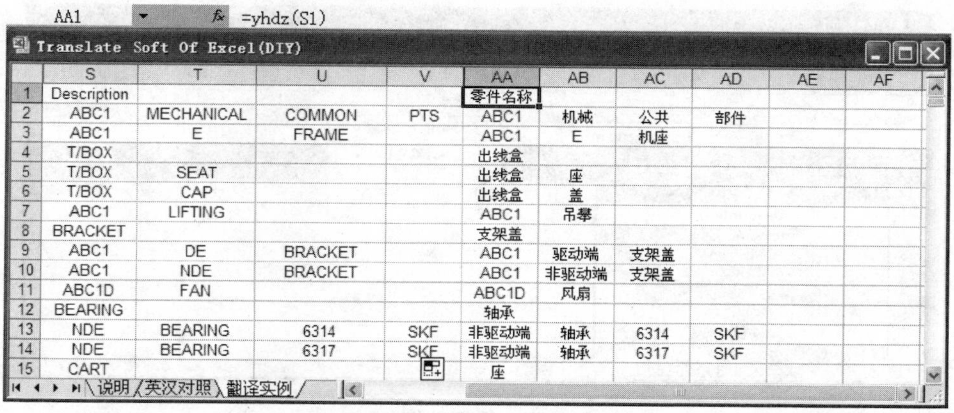

AA1　＝yhdz(S1)

Translate Soft Of Excel(DIY)

	S	T	U	V	AA	AB	AC	AD	AE	AF
1	Description				零件名称					
2	ABC1	MECHANICAL	COMMON	PTS	ABC1	机械	公共	部件		
3	ABC1	E	FRAME		ABC1	E	机座			
4	T/BOX				出线盒					
5	T/BOX	SEAT			出线盒	座				
6	T/BOX	CAP			出线盒	盖				
7	ABC1	LIFTING			ABC1	吊攀				
8	BRACKET				支架盖					
9	ABC1	DE	BRACKET		ABC1	驱动端	支架盖			
10	ABC1	NDE	BRACKET		ABC1	非驱动端	支架盖			
11	ABC1D	FAN			ABC1D	风扇				
12	BEARING				轴承					
13	NDE	BEARING	6314	SKF	非驱动端	轴承	6314	SKF		
14	NDE	BEARING	6317	SKF	非驱动端	轴承	6317	SKF		
15	CART				座					

说明 / 英汉对照 \ 翻译实例

图 1-27　英译汉函数结果示例

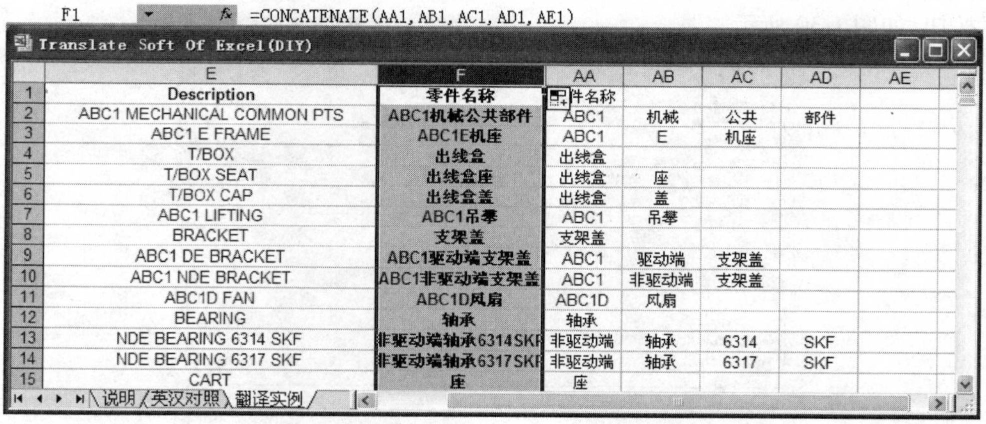

F1　＝CONCATENATE(AA1,AB1,AC1,AD1,AE1)

Translate Soft Of Excel(DIY)

	E	F	AA	AB	AC	AD	AE
1	Description	零件名称	零件名称				
2	ABC1 MECHANICAL COMMON PTS	ABC1机械公共部件	ABC1	机械	公共	部件	
3	ABC1 E FRAME	ABC1E机座	ABC1	E	机座		
4	T/BOX	出线盒	出线盒				
5	T/BOX SEAT	出线盒座	出线盒	座			
6	T/BOX CAP	出线盒盖	出线盒	盖			
7	ABC1 LIFTING	ABC1吊攀	ABC1	吊攀			
8	BRACKET	支架盖	支架盖				
9	ABC1 DE BRACKET	ABC1驱动端支架盖	ABC1	驱动端	支架盖		
10	ABC1 NDE BRACKET	ABC1非驱动端支架盖	ABC1	非驱动端	支架盖		
11	ABC1D FAN	ABC1D风扇	ABC1D	风扇			
12	BEARING	轴承	轴承				
13	NDE BEARING 6314 SKF	非驱动端轴承6314SKF	非驱动端	轴承	6314	SKF	
14	NDE BEARING 6317 SKF	非驱动端轴承6317SKF	非驱动端	轴承	6317	SKF	
15	CART	座	座				

说明 / 英汉对照 \ 翻译实例

图 1-28　运用 CONCATENATE( ) 函数合成句子

1.4.3　拆分句子

拆分句子是通过执行"数据"→"分列"命令实现的,具体步骤如下:

（1）选中要拆分的句子所在的 E 列,如图 1-29 所示,选择"数据"→"分列"命令。

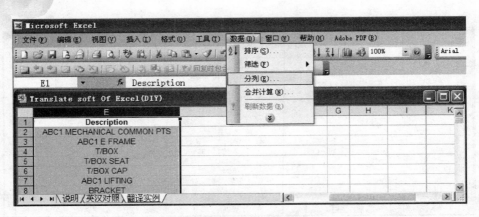

图 1-29   选择数据分列

（2）在"文本分列向导-3 步骤之 1"对话框中选择"分隔符号"单选按钮，单击"下一步"按钮，如图 1-30 所示。

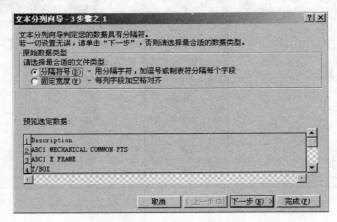

图 1-30   数据分列-3 步骤之 1

（3）选中"文本分列向导-3 步骤之 2"的"分隔符号"中"空格"复选框，单击"下一步"按钮，如图 1-31 所示。

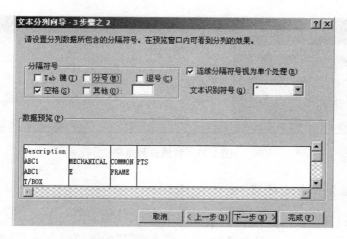

图 1-31　数据分列-3 步骤之 2

（4）在"文本分列向导-3 步骤之 3"对话框中选择"文本"单选按钮，"目标区域"选" $s $1"单元格（避开"BOM"文件上原来已有的内容），如图 1-32 所示，单击"完成"按钮。

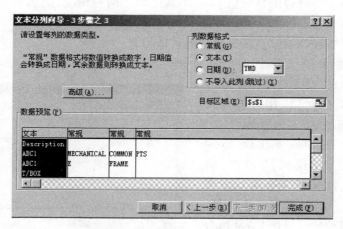

图 1-32　数据分列-3 步骤之 3

（5）E 列中的句子内容已被拆分成一个个单词，分别放在一个个单元格里，如图 1-33 所示。

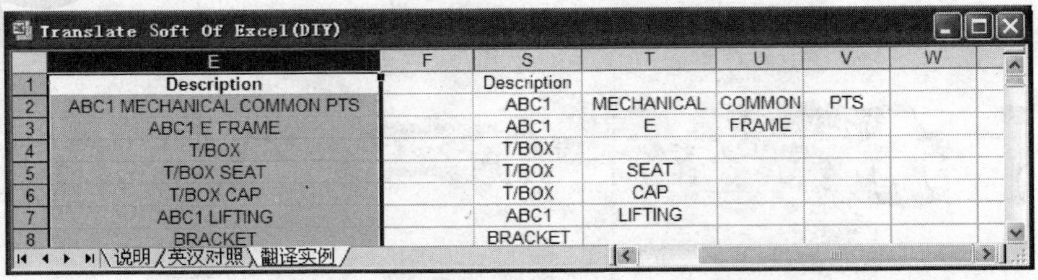

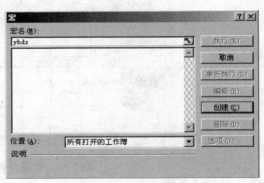

图 1-33　数据分列结果

1.4.4　编写"英汉对照"自定义函数

"英汉对照"自定义函数的编写,遵循以下思路:

如果函数 yhdz(ywsx)的自变量 ywsx("英文缩写"的汉语拼音声母)的值没有任何内容,则函数 yhdz(ywsx)的值也没有任何内容。

如果函数 yhdz(ywsx)的自变量 ywsx 等于 Sheets("英汉对照"). Cells(t,1),则函数 yhdz(ywsx)的值等于 Sheets("英汉对照"). Cells(t,2)。

如果函数 yhdz(ywsx)的自变量 ywsx 不属于以上两种情况,则函数 yhdz(ywsx)的值等于自变量 ywsx 本身。

下面是编写"英汉对照"自定义函数的具体步骤:

(1) 选择"菜单"→"工具"→"宏"命令。

(2) 在弹出的"宏"对话框中添入宏名"yhdz"("英汉对照"拼音缩写),单击"创建"按钮,如图 1-34 所示。

(3) 弹出"Translate Soft Of Excel(DIY). xls-模块 1（代码）"窗口,将 VBA 语言(如图 1-35)改为如图 1-36 所示,将文件存盘。则以后打开该文件,"yhdz"自定义函数就可以像 Excel 内自带的函数一样使用。

(4) 在 AA1 单元格中输入" = yhdz (S1)",再拷贝包含此公式的 AA1 单元

图 1-34　自定义函数 yhdz( )的 VBA 编辑-3 步骤之 1

格到 AA ~ AE 区域单元格中,则 S ~ W 列区域的单元格"英文缩写"在 AA ~ AE 区域单元格中被自动对应翻译为汉语(参见图 1-27)。

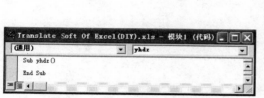

**图1-35　自定义函数 yhdz( )的
VBA 编辑-3 步骤之 2**

**图1-36　自定义函数 yhdz( )的
VBA 编辑-3 步骤之 3**

下面是自定义函数 yhdz(ywsx) VBA 语句的详细解释,供读者参考:

Function yhdz(ywsx)

'自定义函数以"Function + 空格 + 宏名或函数名 + (自变量)"开头;

found = False

'先假设 found 为假;

If ywsx = ""Then

'如果 Excel 单元格的自变量 ywsx 没有任何内容;

yhdz = ""

'那么,函数 yhdz 的值也没有任何内容;

Else

'否则;

x = 1

'将"1"赋予"x";

Do While Not(IsEmpty(Sheets("英汉对照"). Cells(x,1). Value))

'"x"从 Excel 工作表"英汉对照"单元格第1行第1列(即 A1 单元格)开始循环;

x = x + 1

'"x"将依次变成2、3、4……直到 Excel 工作表"英汉对照"第1列中出现没有内容的单元格为止,该单元格在第几行,"x"便等于几;

Loop

'Do... Loop 语句结束循环;

For t = 1 To x − 1

'让"t"从1循环到"x − 1";

If ywsx = Sheets("英汉对照").Cells(t,1) Then

'如果自变量"ywsx"等于 Excel 工作表"英汉对照"中从单元格第 1 行第 1 列到第 x-1 行第 1 列中某一单元格 Cells(t,1)中的内容;

found = True

'found 变为真;

Exit For

'结束赋值循环

End If

'结束假设循环

Next t

'结束 Next 循环

If found Then

yhdz = Sheets("英汉对照").Cells(t,2)

'如果 found 变为真,那么,函数 yhdz 的值等于 Excel 工作表"英汉对照"中 Cells(t,2)中的内容;

Else

'否则

yhdz = ywsx

'函数 yhdz 的值等于自变量本身;

End If

'结束第一层假设语句;

End If

'结束第二层假设语句;

End Function

'自定义函数以"End + 空格 + Function"结尾。

📖 注意:与自定义函数 yhdz( )相配合,在 Sheets("英汉对照")中,"英文缩写"必须在 A 列,且从 A1 单元格开始,中间不能有空行,和"英文缩写"对应的汉语在 B 列。

1.4.5　合成句子

合成句子,就是运用 CONCATENATE( )函数将 AA ~ AE 等列单元格里的内容合并,并放在 F 列单元格里。具体步骤如下:

（1）在"F1"单元格中插入函数，如图 1-37 所示。

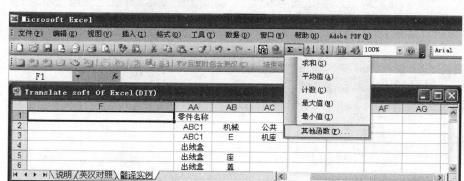

图1-37 CONCATENATE( ) 函数使用-4 步骤之 1

（2）选择"CONCATENATE"函数，如图 1-38 所示，单击"确定"按钮。

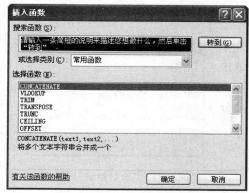

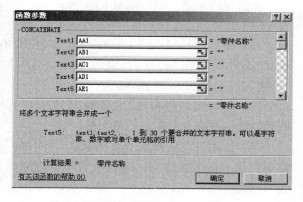

图 1-38 CONCATENATE( )
函数使用-4 步骤之 2

图 1-39 CONCATENATE( )
函数使用-4 步骤之 3

（3）在"CONCATENATE"文本框中依次填入希望合并的单元格，如图 1-39 所示，单击"确定"按钮。

（4）拷贝包含公式(= CONCATENATE(AA1，AB1，AC1，AD1，AE1))的单元格 F1 到整个 F 列，如图 1-40 所示，则 AA 列 ~ AE 列的内容被合并到 F 列，从而实现了 E 列英文或英文缩写的句子被翻译成汉语的目的。

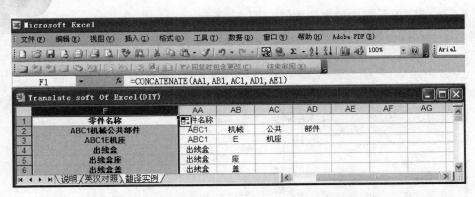

图 1-40 CONCATENATE( )函数使用-4 步骤之 4

1.4.6 录制"英译汉"宏

下面介绍录制"英译汉"宏的步骤：

（1）选择"工具"→"宏"→"录制新宏"命令。

（2）弹出"录制新宏"对话框,在"宏名"文本框中输入"英译汉",在"快捷键"文本框中填入"t",单击"确定"按钮,如图 1-41 所示。

（3）对 E 列的数据进行"分列"（详见 1.4.3）,分列后的数据放在 S～W 等列单元格区域。

（4）使用自定义函数 yhdz( )（详见 1.4.4）,将S～W 等列单元格区域的"英文缩写"自动对应翻译为"汉语",对应存放在 AA～AE 等列单元格区域中。

图 1-41 "录制新宏"对话框

（5）使用"CONCATENATE( )"函数（详见 1.4.5）,将 AA～AE 等列单元格区域中的"汉语"合并到 F 列单元格中。

（6）选中 F 列,单击鼠标右键,选择快捷菜单中的"复制"命令；鼠标停留原区域,再次单击鼠标右键,选择快捷菜单中的"选择性粘贴"命令,选中"数值",单击"确定"按钮。

（7）删除 S～W 等列和 AA～AE 等列的内容。

（8）单击方块,结束宏的录制。文件存盘。

到此,只要打开《Translate Soft Of Excel（DIY）》文件,同时按〈Ctrl〉+〈T〉键,电脑就会自动一气呵成地完成翻译任务。以下是录制的"英译汉"Macro 的 VBA 语言,供读者参考。

Sub 英译汉( )'

　　Sheets("翻译实例"). Select

```
Columns("E:E"). Select
Selection. TextToColumns Destination: = Range("S1"),DataType: = xlDelimited,_
    TextQualifier: = xlDoubleQuote,ConsecutiveDelimiter: = True,Tab: = True,_
    Semicolon: = False,Comma: = False,Space: = True,Other: = False,FieldInfo_
    : = Array(Array(1,1),Array(2,1),Array(3,1),Array(4,1)),TrailingMi-
nusNumbers: = _True
ActiveWindow. ScrollColumn = 2
ActiveWindow. ScrollColumn = 3
ActiveWindow. ScrollColumn = 4
ActiveWindow. ScrollColumn = 5
ActiveWindow. ScrollColumn = 6
ActiveWindow. ScrollColumn = 7
ActiveWindow. ScrollColumn = 8
ActiveWindow. ScrollColumn = 9
ActiveWindow. ScrollColumn = 10
ActiveWindow. ScrollColumn = 11
Range("AA1"). Select
ActiveCell. FormulaR1C1 = " = yhdz( RC[ -8 ] )"
Range("AA1"). Select
Selection. Copy
Columns("AA:AE"). Select
ActiveSheet. Paste
Application. CutCopyMode = False
Selection. Copy
Selection. PasteSpecialPaste: = xlPasteValues, Operation: = xlNone, SkipBlanks: =
False,Transpose: = False
ActiveWindow. ScrollColumn = 15
ActiveWindow. ScrollColumn = 14
ActiveWindow. ScrollColumn = 13
ActiveWindow. ScrollColumn = 12
ActiveWindow. ScrollColumn = 11
ActiveWindow. ScrollColumn = 10
ActiveWindow. ScrollColumn = 9
ActiveWindow. ScrollColumn = 8
```

```
ActiveWindow. ScrollColumn = 7
ActiveWindow. ScrollColumn = 6
ActiveWindow. ScrollColumn = 5
ActiveWindow. ScrollColumn = 4
ActiveWindow. ScrollColumn = 3
ActiveWindow. ScrollColumn = 2
ActiveWindow. ScrollColumn = 1
Range("F1"). Select
Application. CutCopyMode = False
ActiveCell. FormulaR1C1 = " = CONCATENATE ( RC [ 21 ], RC [ 22 ], RC [ 23 ],
RC[ 24 ], RC[ 25 ])"
ActiveWindow. ScrollColumn = 5
ActiveWindow. ScrollColumn = 4
ActiveWindow. ScrollColumn = 3
ActiveWindow. ScrollColumn = 2
ActiveWindow. ScrollColumn = 1
Range("F1"). Select
Selection. Copy
Columns("F:F"). Select
ActiveSheet. Paste
Columns("F:F"). Select
Application. CutCopyMode = False
Selection. Copy
Selection. PasteSpecialPaste: = xlPasteValues, Operation: = xlNone, SkipBlanks: =
False, Transpose: = False
ActiveWindow. ScrollColumn = 2
ActiveWindow. ScrollColumn = 3
ActiveWindow. ScrollColumn = 4
ActiveWindow. ScrollColumn = 5
ActiveWindow. ScrollColumn = 6
ActiveWindow. ScrollColumn = 7
ActiveWindow. ScrollColumn = 8
ActiveWindow. ScrollColumn = 9
ActiveWindow. ScrollColumn = 10
```

```
    Columns("S:AE").Select
    Application.CutCopyMode = False
    Selection.ClearContents
    ActiveWindow.ScrollColumn = 14
    ActiveWindow.ScrollColumn = 13
    ActiveWindow.ScrollColumn = 12
    ActiveWindow.ScrollColumn = 11
    ActiveWindow.ScrollColumn = 10
    ActiveWindow.ScrollColumn = 9
    ActiveWindow.ScrollColumn = 8
    ActiveWindow.ScrollColumn = 7
    ActiveWindow.ScrollColumn = 6
    ActiveWindow.ScrollColumn = 5
    ActiveWindow.ScrollColumn = 4
    ActiveWindow.ScrollColumn = 3
    ActiveWindow.ScrollColumn = 2
    ActiveWindow.ScrollColumn = 1
    Range("F1").Select
End Sub
```

1.4.7 “寻找与替换”实现英译汉

为拓宽读者思路,下面介绍另一种实现英译汉的方法:用寻找与替换功能实现英译汉。具体步骤如下:

(1) 将如图 1-26 所示的英汉对照表格降序排列,让类似“NDE”排在“DE”前面,如图 1-42 所示。

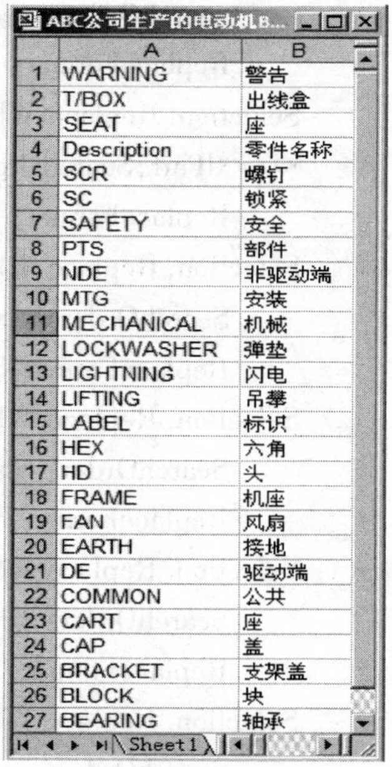
ABC公司生产的电动机B...

	A	B
1	WARNING	警告
2	T/BOX	出线盒
3	SEAT	座
4	Description	零件名称
5	SCR	螺钉
6	SC	锁紧
7	SAFETY	安全
8	PTS	部件
9	NDE	非驱动端
10	MTG	安装
11	MECHANICAL	机械
12	LOCKWASHER	弹垫
13	LIGHTNING	闪电
14	LIFTING	吊攀
15	LABEL	标识
16	HEX	六角
17	HD	头
18	FRAME	机座
19	FAN	风扇
20	EARTH	接地
21	DE	驱动端
22	COMMON	公共
23	CART	座
24	CAP	盖
25	BRACKET	支架盖
26	BLOCK	块
27	BEARING	轴承

Sheet1

图 1-42　英汉对照表格降序排列

> 📖 注意:譬如“Description”中包含“scr”,则将“Description”排在“scr”前面。

(2) 将要翻译的 E 列拷贝到 F 列,再用〈Ctrl〉+〈H〉组合键寻找与替换功能将需要翻译的英文用汉语依次替代,最后用一无所有的“无”替代并非一无所有的“空格”。

(3) 将这一过程录制成“宏”以后,即便文件有 10GB 的内容,英译汉的工作也会在弹指一挥间完成。

这就是好的思路的威力！读者不妨一试。

下面是笔者录制的"用寻找与替换功能实现英译汉"的宏的 VBA 代码，供读者参考。

```
Sub YINGYIHAN( )
"快捷键：〈Ctrl〉+〈Shift〉+〈Y〉
    Columns("E:E").Select
    Application.CutCopyMode = False
    Selection.Copy
    Columns("F:F").Select
    ActiveSheet.Paste
    Range("G8").Select
    Application.CutCopyMode = False
    Columns("F:F").Select
    Selection.Replace What:="WARNING", Replacement:="警告", LookAt:= _
        xlPart,_
        SearchOrder:=xlByRows, MatchCase:=False, SearchFormat:=False,_
        ReplaceFormat:=False
    Selection.Replace What:="T/BOX", Replacement:="出线盒", LookAt:=xlPart,_
        SearchOrder:=xlByRows, MatchCase:=False, SearchFormat:=False,_
        ReplaceFormat:=False
    Selection.Replace What:="Description", Replacement:="零件名称", LookAt:=_
        xlPart, SearchOrder:=xlByRows, MatchCase:=False, SearchFormat:=False,_
        ReplaceFormat:=False
    Selection.Replace What:="SEAT", Replacement:="座", LookAt:=xlPart,_
        SearchOrder:=xlByRows, MatchCase:=False, SearchFormat:=False,_
        ReplaceFormat:=False
    Selection.Replace What:="SCR", Replacement:="螺钉", LookAt:=xlPart,_
        SearchOrder:=xlByRows, MatchCase:=False, SearchFormat:=False,_
        ReplaceFormat:=False
    Selection.Replace What:="SC", Replacement:="锁紧", LookAt:=xlPart,_
        SearchOrder:=xlByRows, MatchCase:=False, SearchFormat:=False,_
        ReplaceFormat:=False
    Selection.Replace What:="SAFETY", Replacement:="安全", LookAt:=xlPart,_
        SearchOrder:=xlByRows, MatchCase:=False, SearchFormat:=False,_
        ReplaceFormat:=False
```

Selection. Replace What：=″PTS″,Replacement：=″部件″,LookAt：= xlPart,＿
  SearchOrder：= xlByRows,MatchCase：= False,SearchFormat：= False,＿
  ReplaceFormat：= False
Selection. Replace What：=″NDE″,Replacement：=″非驱动端″,LookAt：= xlPart,＿
  SearchOrder：= xlByRows,MatchCase：= False,SearchFormat：= False,＿
  ReplaceFormat：= False
Selection. Replace What：=″MTG″,Replacement：=″安装″,LookAt：= xlPart,＿
  SearchOrder：= xlByRows,MatchCase：= False,SearchFormat：= False,＿
  ReplaceFormat：= False
Selection. Replace What：=″MECHANICAL″,Replacement：=″机械″,LookAt：= xl-
  Part,
  SearchOrder：= xlByRows,MatchCase：= False,SearchFormat：= False,＿
  ReplaceFormat：= False
Selection. Replace What：=″LOCKWASHER″,Replacement：=″弹垫″,LookAt：=
  xlPart,
  SearchOrder：= xlByRows,MatchCase：= False,SearchFormat：= False,＿
  ReplaceFormat：= False
Selection. Replace What：=″LIGHTNING″,Replacement：=″闪电″,LookAt：= xl-
  Part,＿
  SearchOrder：= xlByRows,MatchCase：= False,SearchFormat：= False,＿
  ReplaceFormat：= False
Selection. Replace What：=″LIFTING″,Replacement：=″吊攀″,LookAt：= xlPart,＿
  SearchOrder：= xlByRows,MatchCase：= False,SearchFormat：= False,＿
  ReplaceFormat：= False
Selection. Replace What：=″LABEL″,Replacement：=″标识″,LookAt：= xlPart,＿
  SearchOrder：= xlByRows,MatchCase：= False,SearchFormat：= False,＿
  ReplaceFormat：= False
Selection. Replace What：=″HEX″,Replacement：=″六角″,LookAt：= xlPart,＿
  SearchOrder：= xlByRows,MatchCase：= False,SearchFormat：= False,＿
  ReplaceFormat：= False
Selection. Replace What：=″HD″,Replacement：=″头″,LookAt：= xlPart,＿
  SearchOrder：= xlByRows,MatchCase：= False,SearchFormat：= False,＿
  ReplaceFormat：= False
Selection. Replace What：=″FRAME″,Replacement：=″机座″,LookAt：= xlPart,＿

```
        SearchOrder：= xlByRows，MatchCase：= False，SearchFormat：= False，_
        ReplaceFormat：= False
    Selection. Replace What：= "FAN"，Replacement：= "风扇"，LookAt：= xlPart，_
        SearchOrder：= xlByRows，MatchCase：= False，SearchFormat：= False，_
        ReplaceFormat：= False
    Selection. Replace What：= "EARTH"，Replacement：= "接地"，LookAt：= xlPart，_
        SearchOrder：= xlByRows，MatchCase：= False，SearchFormat：= False，_
        ReplaceFormat：= False
    Selection. Replace What：= "DE"，Replacement：= "驱动端"，LookAt：= xlPart，_
        SearchOrder：= xlByRows，MatchCase：= False，SearchFormat：= False，_
        ReplaceFormat：= False
    Selection. Replace What：= "COMMON"，Replacement：= "公共"，LookAt：= xlPart，_
        SearchOrder：= xlByRows，MatchCase：= False，SearchFormat：= False，_
        ReplaceFormat：= False
    Selection. Replace What：= "CART"，Replacement：= "轴承座"，LookAt：= xlPart，_
        SearchOrder：= xlByRows，MatchCase：= False，SearchFormat：= False，_
        ReplaceFormat：= False
    Selection. Replace What：= "CAP"，Replacement：= "盖"，LookAt：= xlPart，_
        SearchOrder：= xlByRows，MatchCase：= False，SearchFormat：= False，_
        ReplaceFormat：= False
    Selection. Replace What：= "BRACKET"，Replacement：= "支架盖"，LookAt：= xl-
        Part，
        SearchOrder：= xlByRows，MatchCase：= False，SearchFormat：= False，_
        ReplaceFormat：= False
    Selection. Replace What：= "BLOCK"，Replacement：= "块"，LookAt：= xlPart，_
        SearchOrder：= xlByRows，MatchCase：= False，SearchFormat：= False，_
        ReplaceFormat：= False
    Selection. Replace What：= "BEARING"，Replacement：= "轴承"，LookAt：= xlPart，_
        SearchOrder：= xlByRows，MatchCase：= False，SearchFormat：= False，_
        ReplaceFormat：= False
    Selection. Replace What：= ""，Replacement：= ""，LookAt：= xlPart，_
        SearchOrder：= xlByRows，MatchCase：= False，SearchFormat：= False，_
        ReplaceFormat：= False
End Sub
```

📖　在此之前,也许读者只知道市面上卖的英译汉软件,从来没有想过利用 Excel 也能实现英译汉。对于几句英文,手工翻译比较快;但对于容量较大的文件,笔者提供的方法绝对既快又好。笔者的体会是:

（1）不怕做不到,就怕"不敢想"、"想不到"、"思维不到"。一般 Excel 书籍,大都孤立地介绍"宏"、"菜单"、"自定义函数"、"函数"、"VBA 语言"、"电子表格"等功能,但现实工作特别是外资企业,是智力的角斗场,要有所创造、有所提高,必须将软件提供的各种功能有机结合,充分发挥。

（2）就 Excel 而言,先要将各种单一功能尽可能熟悉,先做到有知识,再做到初步有能力,再将这些单一功能在现实工作中扬长避短、整合运用,将 Excel 的能量发挥到极致。

1.5　执行"宏"的几种方法

读者或许已经发现,在前面工作簿"Translate Soft Of Excel（DIY）"中,笔者创建了两个"宏":"英译汉"和"YINGYIHAN"。

那么,怎样执行(或调用)它们呢?

这里介绍五种调用"宏"的简单方法,另外一种相对复杂一点的方式,将在本书第 6 章再作介绍。

1.5.1　从菜单栏"工具"中执行"宏"

下面是从菜单栏"工具"中执行"宏"的步骤:

（1）选择"工具"→"宏"→"宏"命令,如图 1- 43 所示,或者同时按下〈Alt〉+〈F8〉键。

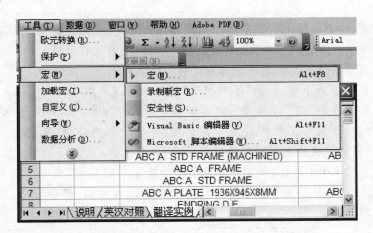

图 1-43　从菜单栏"工具"中执行"宏"-2 步骤之 1

（2）选择"宏名"，单击"执行"按钮，就可执行相应的"宏"了，如图 1-44 所示。

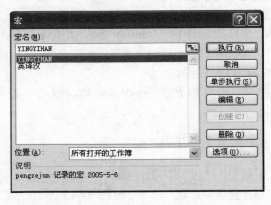

图 1-44　从菜单栏"工具"中执行"宏"-2 步骤之 2

1.5.2　利用"艺术字"执行"宏"

下面是利用"艺术字"执行"宏"的步骤：

（1）选择"插入"→"图片"→"艺术字"命令，如图 1-45 所示。

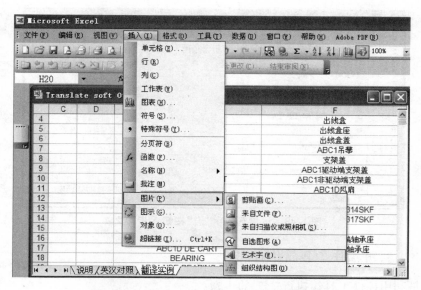

图 1-45　设置艺术字"宏"按钮-5 步骤之 1

（2）选择自己喜欢的艺术字类型，单击"确定"按钮，如图 1-46 所示。

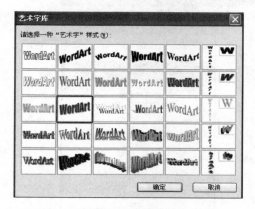

图 1-46　设置艺术字"宏"按钮-5 步骤之 2

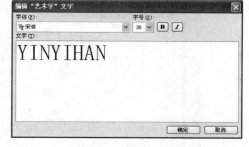

图 1-47　设置艺术字"宏"按钮-5 步骤之 3

（3）在弹出的对话框中输入宏的名字，如图 1-47 所示，单击"确定"按钮。

（4）将艺术字拖曳到合适位置，选中它，单击鼠标右键，在弹出快捷菜单中选择"指定宏"，如图 1-48 所示。

（5）指定"宏名"，单击"确定"按钮（参见图 1-44）。以后只要单击该艺术字，就可执行相应的"宏"了。如果不喜欢这种方式，只要将艺术字删除即可。

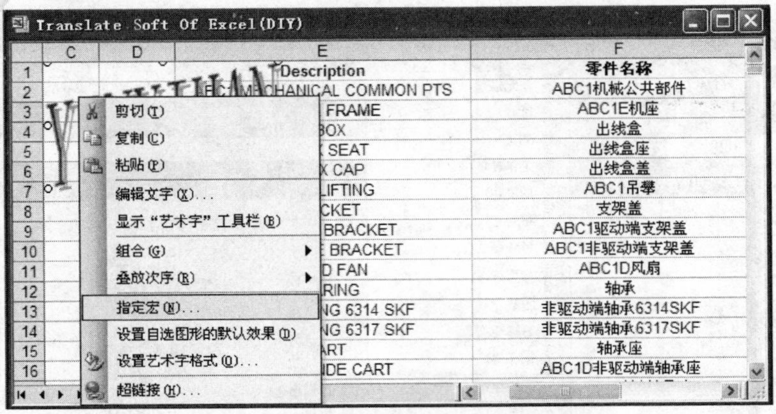

图 1-48　设置艺术字"宏"按钮-5 步骤之 4

1.5.3　利用控件工具箱执行"宏"

下面是利用控件工具箱执行"宏"的步骤：

（1）选择"视图"→"工具栏"→"自定义"命令，如图 1-49 所示。

图 1-49　设置控件"宏"按钮-4 步骤之 1

（2）系统弹出"自定义"对话框,选择"工具栏"选项卡中的"窗体";系统弹出"窗体"工具栏,如图1-50所示。

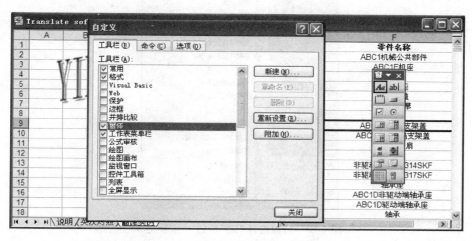

图1-50　设置控件"宏"按钮-4 步骤之 2

（3）选择"自定义"对话框中的"命令"选项卡,在"类别"列表框中选择"宏";系统则在"命令"列表框中出现左边是笑脸的"自定义按钮",左击"自定义按钮"不放松,将其拖曳到窗体工具栏上,如图1-51所示。

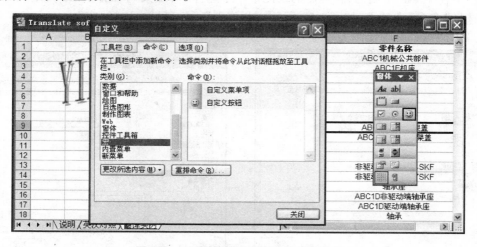

图1-51　设置控件"宏"按钮-4 步骤之 3

（4）右击窗体上的笑脸("自定义按钮"),如图1-52所示,在系统弹出的对话框列表"命名"右侧,为"自定义按钮"命名;再选择对话框列表最下边"指定宏"选项(参见图1-44),指定"宏名",单击"确定"按钮。以后只要单击窗体工具栏上的"自定义按钮",就可执行相应的"宏"了。

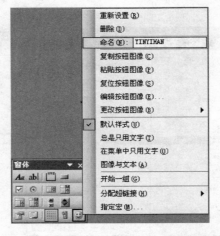

图 1-52 **设置控件"宏"按钮-4 步骤之 4**

1.5.4 在菜单栏中添加宏命令按钮

下面是在菜单栏中添加宏命令按钮的步骤：

（1）在菜单栏上右击，在弹出的快捷菜单中选择"自定义"，在弹出的"自定义"对话框中选择"命令"选项卡，如图 1-53 所示，在"类别"下的区域中选择"宏"。

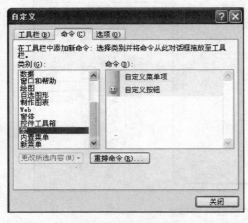

图 1-53 **菜单栏中添加宏命令按钮-3 步骤之 1**

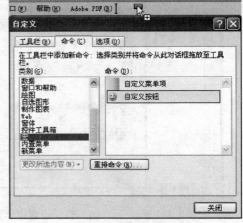

图 1-54 **菜单栏中添加宏命令按钮-3 步骤之 2**

（2）在右侧"命令"下方的区域中单击"自定义按钮"（笑脸），如图 1-54 所示，这时鼠标变成一个带加号的箭头并单击按钮的形状，拖动鼠标到工具栏中的某个位置。

（3）单击工具栏中的"自定义按钮"（笑脸）图标,弹出"指定宏"对话框（参见图 1-44）,选择"YINGYIHAN",单击"确定"按钮。以后,只要单击自定义命令按钮,就会执行"YINGYIHAN"宏。如果要删除该自定义按钮,按住〈Alt〉键的同时,将该自定义按钮拖至工作表区域即可。

1.5.5　利用快捷键执行"宏"

下面是利用快捷键执行"宏"的步骤:

（1）选择"工具"→"宏"→"宏"→"选项"命令。

（2）在弹出的"宏选项"对话框中,填上快捷键,单击"确定"按钮,如图 1-55 所示。

（3）要执行"宏"时,只要在含有该"宏"的工作簿打开时,同时按下〈Ctrl〉+〈Shift〉+〈Y〉键,便可执行该"宏"命令。

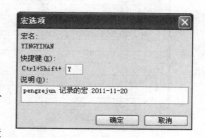

图 1-55　设置"宏"的快捷键

到此,五种调用"宏"的简单方式均已介绍完毕,读者可以根据自己的喜好加以选择使用。

1.6　【绝妙实例4】　"文本"与"日期"

单元格中的内容有着不同的格式,有数字、文本、日期等。只有格式相同的内容,才可能有效地进行"排序"、"筛选"等操作。

1.6.1　格式不同,影响"排序"和"筛选"

某日,技术部经理 Mark 让笔者赶快过去帮忙解决问题。

原来,由于有些图纸发放时间较早,生产部工人经常使用,又不是很爱惜,使得部分图纸出现看不清的现象。由此引发几起零件加工错误,导致报废的现象。

公司要求技术部马上更换一批发放时间较长的图纸。

技术部经理 Mark 马上对新来的图纸管理员 Selina 吩咐工作:"将 2010 年 1 月 1 日以前发放的图纸重新打印,然后通知各部门以旧换新。"可是,一个上午过去了,Selina 还是一筹莫展。

原来,技术部前后有三名图纸管理员,铁打的营盘流水的兵,先后辞职了。每个人在《图纸发放登记表》上的"发放日期"和"收回日期"填写格式都不一样（如图 1-56）,有些格式根本不是日期格式,而是文本格式。

	A	B	C	D	E	F	G	H
1	图号	名称	页数	绘制人	发放日期	接收单位	收回日期	版本号
2	455846	T/BOX CAP	3	张小妹	2009-10-9	生产部	2010.8.11	c
3	818852	ABC1D FAN	3	徐先伟	2009-10-10	采购部	2010.12.6	c
4	367025	ABC1D NDE CART	1	刘明欢	2009-10-11	质量部	2010.10/9	a
5	345897	LABEL	1	张小妹	2009-10-12	工程部	2010.9.10	b
6	106569	EARTH MTG BLOCK	2	徐先伟	2009-10-13	生产部	2010.10.9	a
7	403939	BC1 MECHANICAL COMMON PT	3	徐先伟	2010-4-7	生产部	2010-7-6	a
8	787359	ABC1 LIFTING	1	刘明欢	2010-4-8	采购部	2011.3.5	b
9	323223	BEARING	1	张小妹	2010-4-9	质量部	2010.6/7	a
10	710885	ABC1D DE CART	2	徐先伟	2010-4-10	工程部	2010.10.6	b
11	397174	EARTH LABEL	1	刘明欢	2010-4-11	生产部	2010.10/11	b
12	612310	M10X35 HEX HD SCR	1	张小妹	2010-4-12	采购部	2010.9.12	c
13	717563	LIGHTNING LABEL	1	刘明欢	2007.12.10	工程部	2010.10/12	c

图 1-56　日期格式中混有文本格式

Selina 没法对"发放日期"进行排序,而用手工将 2010 年 1 月 1 日以前发放的图纸筛选出来,图号种类较多,工作进展缓慢。于是,Selina 便向 Mark 求援。

Mark 试了老半天,不能对"发放日期"进行有效排序,也不能有效筛选,只好来找笔者。

笔者想起将单元格内容"先分后合"的原理,很快就找到了解决问题的办法。

1.6.2　统一日期格式的方法

下面介绍一种统一日期格式的方法。

(1)以日期格式不统一的《图纸发放管理登记表》为例,选择"发放日期"所在的 E 列,同时按〈Ctrl〉+〈H〉键,将"-"全部替换成".",如图 1-57 所示。

图 1-57　将"-"替换成"."

(2)再将"/"全部替换成".",如图 1-58 所示。

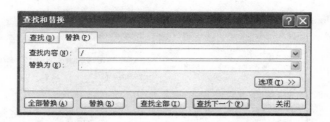

图 1-58 将"/"替换成"."

（3）选择"数据"菜单中的"分列"，如图 1-59 所示。

图 1-59 选择"数据"菜单中的"分列"功能

（4）选中"分隔符号"单选按钮，如图 1-60 所示，单击"下一步"按钮，如图 1-60 所示。

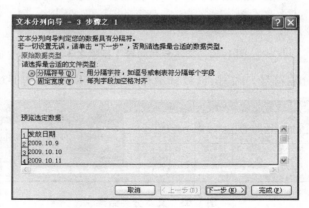

图 1-60 文本分列向导-3 步骤之 1

（5）选中"分隔符号"中的"其他"复选框，并填入"."，如图 1-61 所示，单击"下一步"按钮。

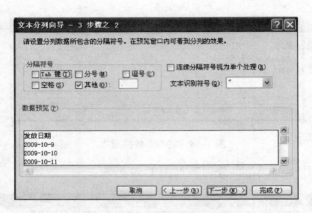

图1-61 文本分列向导-3 步骤之2

（6）将"目标区域"改为"$I$1"，单击"完成"按钮，如图1-62所示。

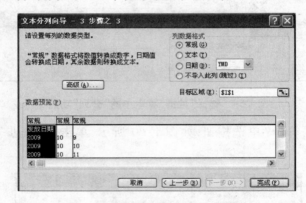

图1-62 文本分列向导-3 步骤之3

（7）以"."为分隔符号，年、月、日被分别存放在I、J、K列，如图1-63所示。

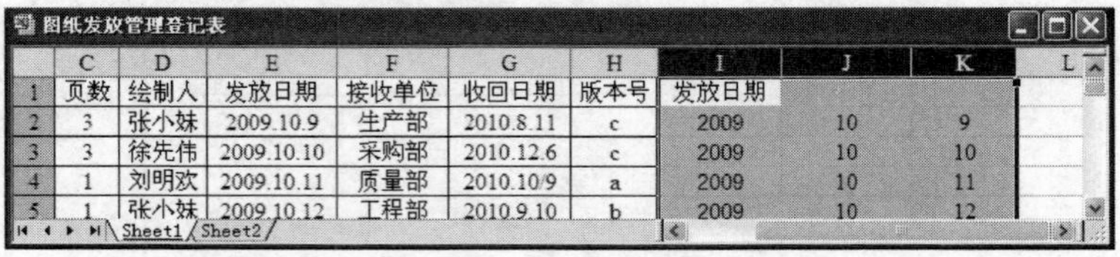

	C	D	E	F	G	H	I	J	K	L
	页数	绘制人	发放日期	接收单位	收回日期	版本号	发放日期			
2	3	张小妹	2009.10.9	生产部	2010.8.11	c	2009	10	9	
3	3	徐先伟	2009.10.10	采购部	2010.12.6	c	2009	10	10	
4	1	刘明欢	2009.10.11	质量部	2010.10/9	a	2009	10	11	
5	1	张小妹	2009.10.12	工程部	2010.9.10	b	2009	10	12	

图1-63 文本分列结果

（8）选择"L2"单元格，选择"选择函数"中的"DATE"函数，如图1-64所示。

图 1-64　选择 DATE( ) 函数

（9）在"DATE"选项中，选择年、月、日分别对应的单元格，如图 1-65 所示，单击"确定"按钮。

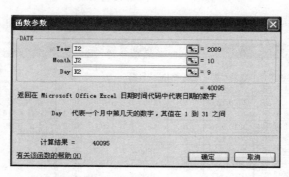

图 1-65　DATE( ) 函数参数选择

（10）单元格"L2"变成日期格式的"年-月-日"，拖曳鼠标到底，则 L 列各单元格内容全部变成与 E 列各对应单元格的内容，但其格式全部变成了日期格式，如图 1-66 所示。

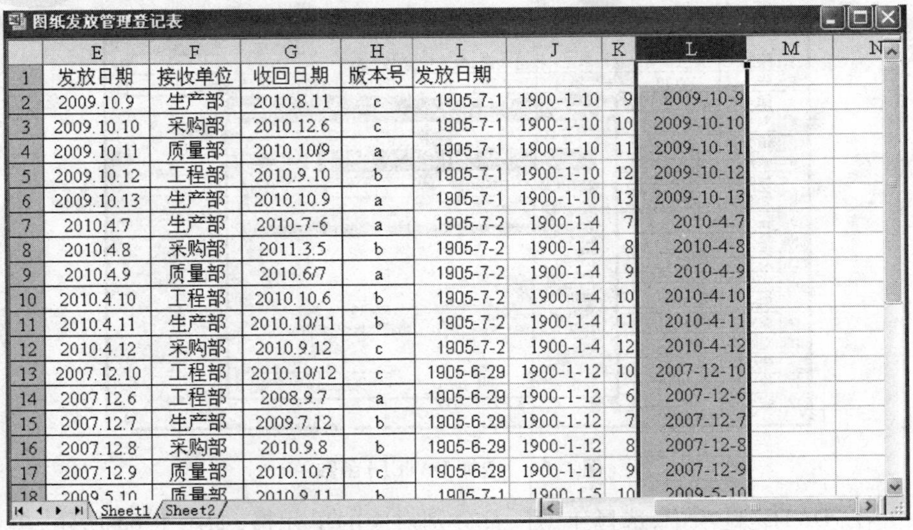

图纸发放管理登记表

	E	F	G	H	I	J	K	L	M	N
1	发放日期	接收单位	收回日期	版本号	发放日期					
2	2009.10.9	生产部	2010.8.11	c	1905-7-1	1900-1-10	9	2009-10-9		
3	2009.10.10	采购部	2010.12.6	c	1905-7-1	1900-1-10	10	2009-10-10		
4	2009.10.11	质量部	2010.10/9	a	1905-7-1	1900-1-10	11	2009-10-11		
5	2009.10.12	工程部	2010.9.10	b	1905-7-1	1900-1-10	12	2009-10-12		
6	2009.10.13	生产部	2010.10.9	a	1905-7-1	1900-1-10	13	2009-10-13		
7	2010.4.7	生产部	2010-7-6	a	1905-7-2	1900-1-4	7	2010-4-7		
8	2010.4.8	采购部	2011.3.5	b	1905-7-2	1900-1-4	8	2010-4-8		
9	2010.4.9	质量部	2010.6/7	a	1905-7-2	1900-1-4	9	2010-4-9		
10	2010.4.10	工程部	2010.10.6	b	1905-7-2	1900-1-4	10	2010-4-10		
11	2010.4.11	生产部	2010.10/11	b	1905-7-2	1900-1-4	11	2010-4-11		
12	2010.4.12	采购部	2010.9.12	c	1905-7-2	1900-1-4	12	2010-4-12		
13	2007.12.10	工程部	2010.10/12	c	1905-6-29	1900-1-12	10	2007-12-10		
14	2007.12.6	工程部	2008.9.7	a	1905-6-29	1900-1-12	6	2007-12-6		
15	2007.12.7	生产部	2009.7.12	b	1905-6-29	1900-1-12	7	2007-12-7		
16	2007.12.8	采购部	2010.9.8	b	1905-6-29	1900-1-12	8	2007-12-8		
17	2007.12.9	质量部	2010.10.7	c	1905-6-29	1900-1-12	9	2007-12-9		
18	2009.5.10	质量部	2010.9.11	b	1905-7-1	1900-1-5	10	2009-5-10		

图 1-66　DATE( )函数使用结果

(11) 选中 L 列内容,如图 1-67 所示,单击鼠标右键,选择“复制”命令。

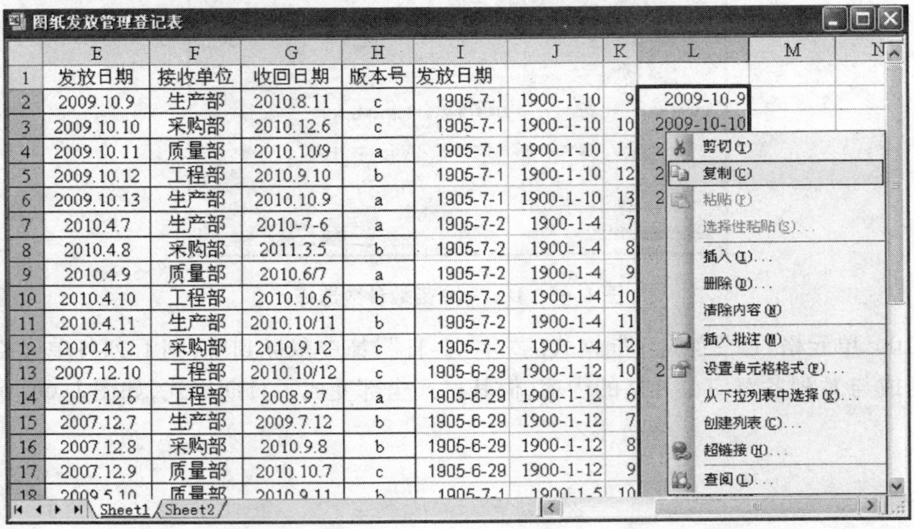

图纸发放管理登记表

	E	F	G	H	I	J	K	L	M	N
1	发放日期	接收单位	收回日期	版本号	发放日期					
2	2009.10.9	生产部	2010.8.11	c	1905-7-1	1900-1-10	9	2009-10-9		
3	2009.10.10	采购部	2010.12.6	c	1905-7-1	1900-1-10	10	2009-10-10		
4	2009.10.11	质量部	2010.10/9	a	1905-7-1	1900-1-10	11	2		
5	2009.10.12	工程部	2010.9.10	b	1905-7-1	1900-1-10	12	2		
6	2009.10.13	生产部	2010.10.9	a	1905-7-1	1900-1-10	13	2		
7	2010.4.7	生产部	2010-7-6	a	1905-7-2	1900-1-4	7			
8	2010.4.8	采购部	2011.3.5	b	1905-7-2	1900-1-4	8			
9	2010.4.9	质量部	2010.6/7	a	1905-7-2	1900-1-4	9			
10	2010.4.10	工程部	2010.10.6	b	1905-7-2	1900-1-4	10			
11	2010.4.11	生产部	2010.10/11	b	1905-7-2	1900-1-4	11			
12	2010.4.12	采购部	2010.9.12	c	1905-7-2	1900-1-4	12			
13	2007.12.10	工程部	2010.10/12	c	1905-6-29	1900-1-12	10	2		
14	2007.12.6	工程部	2008.9.7	a	1905-6-29	1900-1-12	6			
15	2007.12.7	生产部	2009.7.12	b	1905-6-29	1900-1-12	7			
16	2007.12.8	采购部	2010.9.8	b	1905-6-29	1900-1-12	8			
17	2007.12.9	质量部	2010.10.7	c	1905-6-29	1900-1-12	9			
18	2009.5.10	质量部	2010.9.11	b	1905-7-1	1900-1-5	10			

图 1-67　复制 L 列内容

(12) 选择“E2”单元格,单击鼠标右键,选择“选择性粘贴”命令,如图 1-68 所示。

	C	D	E	F	G	H	I	J	K	L	M
1	页数	绘制人	发放日期	接收单位	收回日期	版本号	发放日期				
2	3	张小妹	2009.10.9	生产部	2010.8.11	c	2009	10	9	2009-10-9	
3	3	徐先伟	2009.10.			c	2009	10	10	2009-10-10	
4	1	刘明欢	2009.10.			a	2009	10	11	2009-10-11	
5	1	张小妹	2009.10.			b	2009	10	12	2009-10-12	
6	2	徐先伟	2009.10.			a	2009	10	13	2009-10-13	
7	3	徐先伟	2010.4.			a	2010	4	7	2010-4-7	
8	1	刘明欢	2010.4.			a	2010	4	8	2010-4-8	
9	3	张小妹	2010.4.			a	2010	4	9	2010-4-9	
10	2	徐先伟	2010.4.			b	2010	4	10	2010-4-10	
11	1	刘明欢	2010.4.			b	2010	4	11	2010-4-11	
12	1	张小妹	2010.4.			c	2010	4	12	2010-4-12	
13	1	刘明	2007.12.			c	2007	12	10	2007-12-10	
14	2	徐先伟	2007.12.			a	2007	12	6	2007-12-6	
15	1	刘明欢	2007.12.			b	2007	12	7	2007-12-7	
16	3	张小妹	2007.12.			b	2007	12	8	2007-12-8	
17	3	徐先伟	2007.12.			c	2007	12	9	2007-12-9	

右键菜单：剪切(T)　复制(C)　粘贴(P)　选择性粘贴(S)…　插入(I)…　删除(D)…　清除内容(N)　插入批注(M)　设置单元格格式(F)…　从下拉列表中选择(K)…　添加监视点(W)…　创建列表(C)…　超链接(H)…　查阅(L)…

图 1-68　L 列的内容选择性粘贴到 E 列-2 步骤之 1

（13）选中"粘贴"选项中的"数值"单选按钮，如图 1-69 所示，单击"确定"按钮。

至此，E 列中的"发放日期"全部是日期格式，可以进行排序或筛选。同样的方法，将 G 列"收回日期"内容全部变成日期格式。

Mark 很快对"发放日期"进行了有效筛选，及时将 2010 年 1 月 1 日以前发放的图纸重新打印，然后通知各部门以旧换新。

由于反应迅速，Mark 不但未受总经理批评，反而受到了表扬。不仅如此，这个《文本格式与日期格式》的故事，不久便传遍了 ABC 公司的各个部门，解决了许多类似的问题。有的部门在操作时，发现如图 1-70 所示的问题：I、J、K 列的值不是数值，而是日期格式。

其实很好解决，只要把 I、J、K 列格式设置成"常规"即可，如图 1-71 所示。

图 1-69　L 列的内容选择性粘贴到 E 列-2 步骤之 2

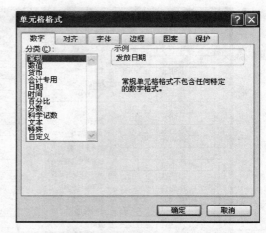

图 1-70　将日期格式设置为常规格式-2 步骤之 1　　图 1-71　将日期格式设置为常规格式-2 步骤之 2

1.7　习题与练习

1．概念题。

（1）简述"BOM"的定义、重要性、结构形式。

（2）Excel 函数分为哪几类？

（3）用户定义函数是怎样的函数？

（4）讲述本章自定义函数 ff（）的原理。

（5）VBA 语言的结构特点是什么？

（6）单元格有哪些不同格式？

（7）打造"英译汉"软件，总体上分为哪几个步骤？

（8）本章介绍了哪几种执行"宏"的方式？

2．操作题。

（1）运用 TRIM（）函数和〈Ctrl〉+〈H〉组合键的"寻找与替换"功能去掉自己的工作表上多余的空格。将自己公司的"BOM"整理得分毫不差，使其成为您所在公司精益生产的基石！

（2）自己编写一个能轻松翻译自己所在公司的特定外文缩写的软件。

（3）统一自己文件里的日期格式，远离杂乱无章的格式带来的困扰。

3．扩展阅读。

（1）阅读与 VBA 语言相关的专业书籍。

（2）阅读有关 Excel 函数的专业书籍。

第 2 章

精益生产篇

本 章 要 点

☞ **热点问题聚焦**

1. "JIT"是什么？有什么主要特征？"JIT"在实施过程中容易产生哪些症结？

2. 一份《生产计划表》，通过怎样的转换，使得表中一条条纪录的内容神奇般地变成一张张 A4 纸大小的《工序流转卡》？或者，怎样能让《生产计划表》的一条纪录，对应生产现场的一台机器的《工序流转卡》，从而使得机器的制造变得有条理、高效率、可追溯？

3. 通过怎样的方法计算人工数量，从而确定合理的生产任务，保持平稳的生产节拍？

4. 怎样将精益生产加班安排得更合理，更有预见性？

☞ **精益管理透视**

精益生产方式 JIT 的主要特征表现、生产节奏平稳性、精益生产加班的合理安排等。

☞ **Excel 原理剖析**

将 Excel 汇总表转化为 Access 窗体、条件格式、相对引用、绝对引用、混合引用等。

☞ **研读目的举要**

1. 学会将 Excel《生产计划表》转换成 Access《工序流转卡》窗体，从而将自己公司的生产制造安排得高效有序可追溯；同时扩展了 Excel 与 Access 联合使用的知识面。

2. 学会利用 Excel 条件格式，将生产节拍安排得更平稳，加班安排得更合理、更有预见性。

☞ 经典妙联归纳

Access 窗体打印　　生产制造高效率有条理
Excel 条件格式　　人员安排低成本无差错

2.1　JIT 的主要特征

ABC 公司最近很忙很乱,订单很多,来不及交货。总经理很着急,专门邀请精益生产专家到公司培训。精益生产专家讲了很多理论和案例,还归纳了精益生产方式(Just In Time,JIT)的主要特征表现:

(1)品质:寻找、纠正和解决问题。

(2)柔性:小批量、一个流;生产节奏平稳,计划和实际生产节拍吻合。

(3)投放市场时间:把开发时间减至最小。

(4)产品多元化:缩短产品周期、减小规模效益影响。

(5)效率:多能员工,提高生产率、减少浪费。

(6)适应性:标准尺寸总成、协调合作。

(7)学习:不断改善。

2.2　JIT 精益生产中的症结

学习了专家讲的理论,结合公司实际,大家认为,目前落到实处的问题主要在生产部,主要存在的问题有:

(1)生产制造效率低下,生产工人对于什么时候制造什么型号的电机,组成该电机的是什么部件等情况不能了然于心,时间花在向上级请示上。

(2)生产制造可追溯性不强,某台电机出了质量问题,不容易找到责任人,也不容易让员工提高责任心。

(3)对生产工人的加班安排,没有预见性。该事先安排人员加班的,但等到要交货了,才发现人手不够,交不了货,让员工从家里打的赶过来,员工和公司对生产安排都不满意;明明人手绰绰有余,却害怕到时人数不够,多安排了加班,造成人工成本浪费,公司不满意。生产节奏不平稳,计划和实际生产节拍严重脱节。

会上大家一致认为,第三个问题,因为公司产品目前供不应求,浪费点加班成本,问题不大，等条件具备时再解决，最急于解决的是前面两个问题。通过集思广益，大家觉得应该让生产部制定一张工序流转卡，将每一台电机的组成部分都写在同一张纸上（这样就解决了“生产工人对于什么时候制造什么型号的电机，组成该电机的是什么部件等情况不能了然于心，时间花在向上级请示上”的问题），按电机的生产顺序，操作工对自己完成的工序签名并如实记录操作实际花费时间（这样就解决了“生产制造可追溯性不强，某台电机出了质量问题，不容易找到责任人，也不容易让员工提高责任心”的问题；同时，给第三个问题的解决创造条件）。

已经下班了，生产部的 Erick 还在那发愁。笔者对他说：“还在为开会的事发愁呀，不就每台电机打印一张工序流转卡吗？”

Erick 说：“你说得倒轻巧！一个星期生产 300 多台电机，电脑上 300 多个页面，累死我也输不过来呀！你来得正好，我正一颗红心两种准备：要么人事部给我招人，专门负责打印；要么我就辞职走人！你帮我出出主意。”

笔者说：“没那么严重吧！我来帮你。”

2.3　【绝妙实例 5】《生产计划表》与《工序流转卡》

笔者通过了解得知，Erick 将一周要生产的电机汇总到如图 2-1 所示的《2011 年第一周生产计划》工作簿的《2011 年第一周生产计划》工作表里。

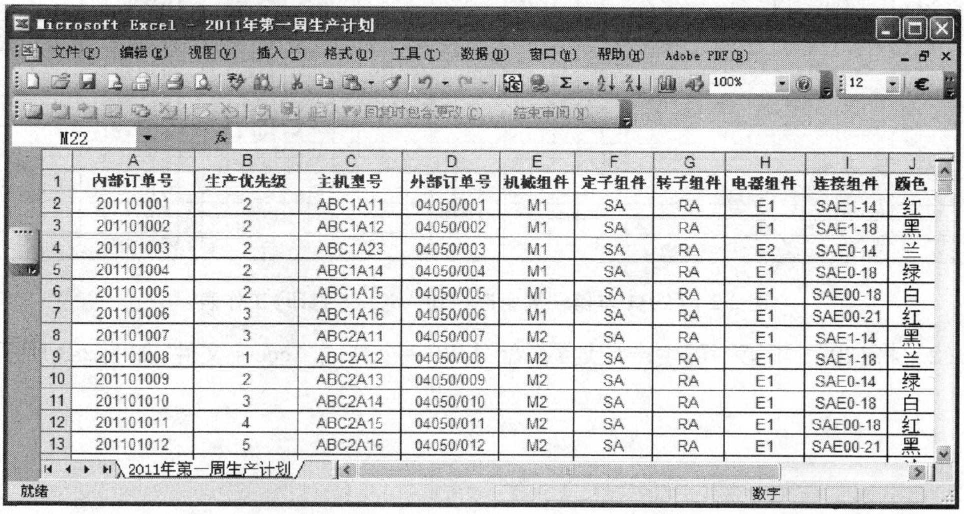

	A	B	C	D	E	F	G	H	I	J
1	内部订单号	生产优先级	主机型号	外部订单号	机械组件	定子组件	转子组件	电器组件	连接组件	颜色
2	201101001	2	ABC1A11	04050/001	M1	SA	RA	E1	SAE1-14	红
3	201101002	2	ABC1A12	04050/002	M1	SA	RA	E1	SAE1-18	黑
4	201101003	2	ABC1A23	04050/003	M1	SA	RA	E2	SAE0-14	兰
5	201101004	2	ABC1A14	04050/004	M1	SA	RA	E1	SAE0-18	绿
6	201101005	2	ABC1A15	04050/005	M1	SA	RA	E1	SAE00-18	白
7	201101006	3	ABC1A16	04050/006	M1	SA	RA	E1	SAE00-21	红
8	201101007	3	ABC2A11	04050/007	M2	SA	RA	E1	SAE1-14	黑
9	201101008	1	ABC2A12	04050/008	M2	SA	RA	E1	SAE1-18	兰
10	201101009	2	ABC2A13	04050/009	M2	SA	RA	E1	SAE0-14	绿
11	201101010	3	ABC2A14	04050/010	M2	SA	RA	E1	SAE0-18	白
12	201101011	4	ABC2A15	04050/011	M2	SA	RA	E1	SAE00-18	红
13	201101012	5	ABC2A16	04050/012	M2	SA	RA	E1	SAE00-21	黑

图 2-1　《2011 年第一周生产计划》工作表

其中,"内部订单号"是作为生产管理者的 Erick 将客户的订单按"订单管制"的要求,转化而成的公司内部生产的订单号。"201101001"中的"2011"表示年份,"01"表示第一周,"001"表示第一台电机。"生产优先级"表示优先出厂的等级,"1"表示星期一要出厂,依此类推,"7"表示星期天要出厂;"外部订单号"一般表示客户与公司签订合同时的合同号;"连接组件"是指发动机和柴油机连接用的部件;"主机型号""机械组件""定子组件""转子组件""电器组件"在第 1 章有介绍。

笔者经过一番思考几番学习,心里有数了。于是,专门找了个时间,当着 Erick 的面,变起戏法来。

(1) 在如图 2-1 所示的《2011 年第一周生产计划》工作簿中增加一个工作表,取名为《2011 年第一周生产计划 ACCESS 打印》,将《2011 年第一周生产计划》工作表中的内容复制到其中,并增加了一些不必填写内容的"列"。例如,"定子焊接工签名"、"定子焊接完成时间"等,变成如图 2-2 所示的内容。

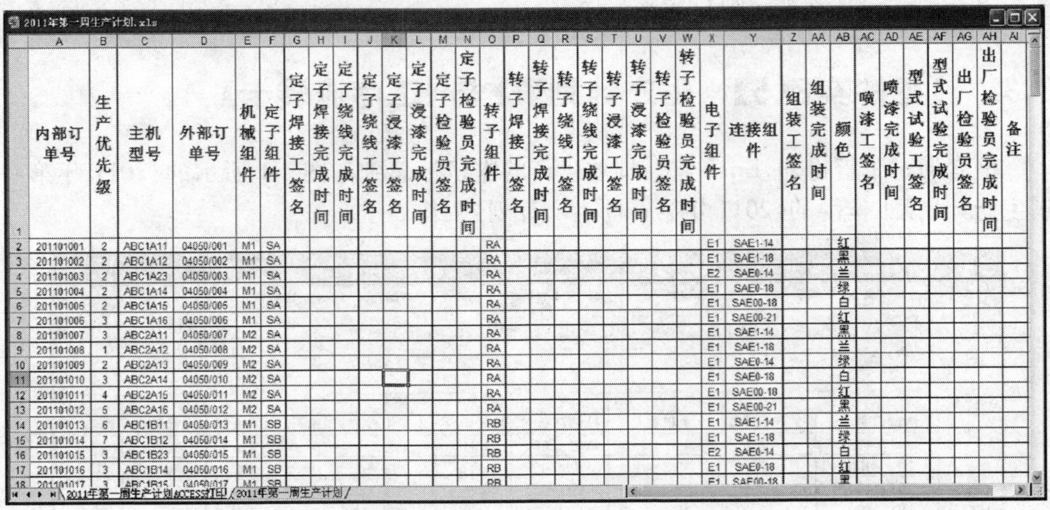
2011年第一周生产计划.xls

	A	B	C	D	E	F	G	H	I	J	K	L	M	N	O	P	Q	R	S	T	U	V	W	X	Y	Z	AA	AB	AC	AD	AE	AF	AG	AH	AI
1	内部订单号	生产优先级	主机型号	外部订单号	机械组件	定子组件	定子焊接工签名	定子焊接完成时间	定子绕线完成时间	定子绕线工签名	定子浸漆工签名	定子浸漆完成时间	定子检验员签名	定子检验员完成时间	转子组件	转子焊接工签名	转子焊接完成时间	转子绕线工签名	转子绕线完成时间	转子浸漆工签名	转子浸漆完成时间	转子检验员签名	转子检验员完成时间	电子组件	连接组件	组装工签名	组装完成时间	颜色	喷漆工签名	喷漆完成时间	型式试验工签名	型式试验完成时间	出厂检验员签名	出厂检验员完成时间	备注
2	201101001	2	ABC1A11	04050/001	M1	SA									RA									E1	SAE1-14			红							
3	201101002	2	ABC1A12	04050/002	M1	SA									RA									E1	SAE1-18			黑							
4	201101003	2	ABC1A23	04050/003	M1	SA									RA									E2	SAE0-14			兰							
5	201101004	2	ABC1A14	04050/004	M1	SA									RA									E1	SAE0-18			绿							
6	201101005	2	ABC1A15	04050/005	M1	SA									RA									E1	SAE00-18			白							
7	201101006	3	ABC1A16	04050/006	M1	SA									RA									E1	SAE00-21			红							
8	201101007	3	ABC2A11	04050/007	M2	SA									RA									E1	SAE1-14			黑							
9	201101008	1	ABC2A12	04050/008	M2	SA									RA									E1	SAE1-18			兰							
10	201101009	2	ABC2A13	04050/009	M2	SA									RA									E1	SAE0-14			绿							
11	201101010	3	ABC2A14	04050/010	M2	SA									RA									E1	SAE0-18			白							
12	201101011	4	ABC2A15	04050/011	M2	SA									RA									E1	SAE00-18			红							
13	201101012	5	ABC2A16	04050/012	M2	SA									RA									E1	SAE00-21			黑							
14	201101013	6	ABC1B11	04050/013	M1	SB									RB									E1	SAE1-14			兰							
15	201101014	7	ABC1B12	04050/014	M1	SB									RB									E1	SAE1-18			绿							
16	201101015	3	ABC1B23	04050/015	M1	SB									RB									E2	SAE0-14			白							
17	201101016	3	ABC1B14	04050/016	M1	SB									RB									E1	SAE0-18			红							
18	201101017	3	ABC1B15	04050/017	M1	SB									RB									E1	SAE00-18			黑							

2011年第一周生产计划ACCESS打印 / 2011年第一周生产计划

图 2-2 《2011 年第一周生产计划 ACCESS 打印》工作表

(2) 将《2011 年第一周生产计划》存盘;打开一个新的 Access 文件,如图 2-3 所示。

图 2-3　利用 Excel 文件生成 Access 表-6 步骤之 1

（3）"文件类型"选择"Microsoft Excel"，选择《2011 年第一周生产计划》，如图 2-4 所示。

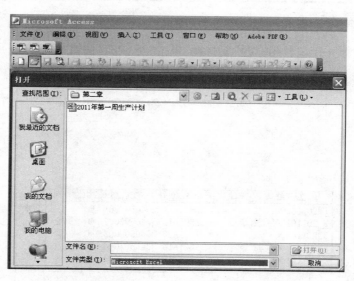

图 2-4　利用 Excel 文件生成 Access 表-6 步骤之 2

（4）弹出"链接数据表向导"对话框，选中"显示工作表"单选按钮，并选择"2011 年第一周生产计划 ACCESS 打印"工作表，单击"下一步"按钮，如图 2-5 所示。

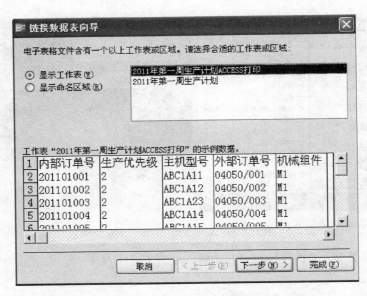

图2-5　利用 Excel 文件生成 Access 表-6 步骤之 3

（5）选中"第一行包含列标题"复选框，单击"下一步"按钮，如图 2-6 所示。

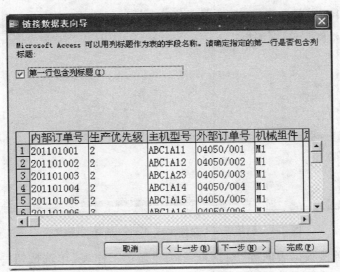

图2-6　利用 Excel 文件生成 Access 表-6 步骤之 4

（6）系统自动生成链接表名称："2011 年第一周生产计划 ACCESS 打印"，如图 2-7 所示，单击"完成"按钮。

图 2-7　利用 Excel 文件生成 Access 表-6 步骤之 5

（7）系统生成表文件《2011 年第一周生产计划 ACCESS 打印》，如图 2-8 所示。

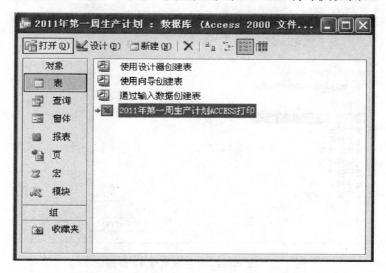

图 2-8　利用 Excel 文件生成 Access 表-6 步骤之 6

（8）不用打开表文件，单击"窗体"，双击"使用向导创建窗体"，如图 2-9 所示。

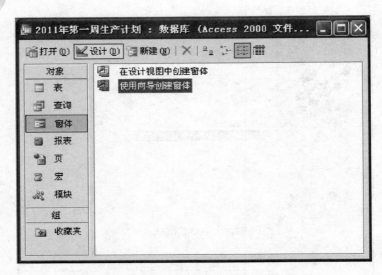

图 2-9　由 Access 表生成窗体-12 步骤之 1

（9）在弹出的窗口中单击"≫"按钮，如图 2-10 所示。

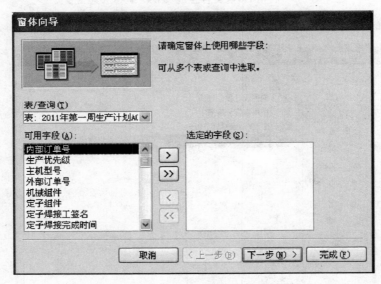

图 2-10　由 Access 表生成窗体-12 步骤之 2

（10）在弹出的窗口中单击"下一步"按钮（如图 2-11）。

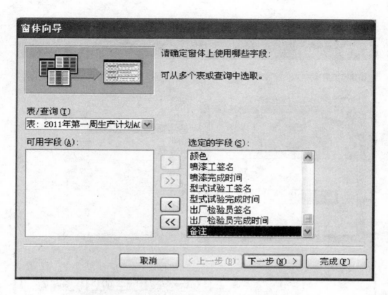

图 2-11　由 Access 表生成窗体-12 步骤之 3

（11）确定窗体使用的布局，选中"纵栏表"单选按钮，如图 2-12 所示，单击"下一步"按钮。

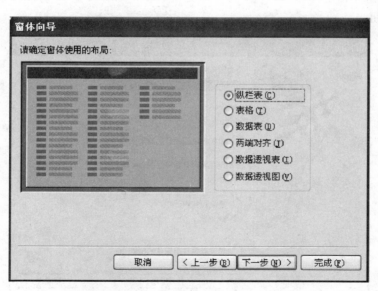

图 2-12　由 Access 表生成窗体-12 步骤之 4

（12）在弹出的窗口中确定所用样式，选择"工业"，如图 2-13 所示，单击"下一步"

按钮。

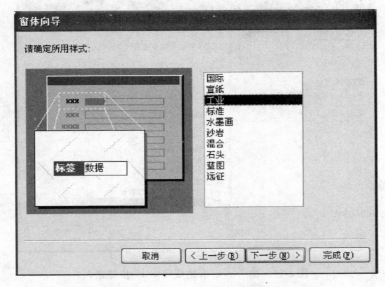

图 2-13　由 Access 表生成窗体-12 步骤之 5

（13）为窗体指定标题"2011 年第一周生产计划 ACCESS 打印"，如图 2-14 所示，单击"完成"按钮。

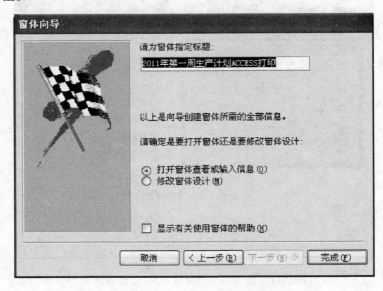

图 2-14　由 Access 表生成窗体-12 步骤之 6

（14）系统生成的窗体，如图 2-15 所示，但不能打印成每页 A4 纸正好包含一条记录的信息。

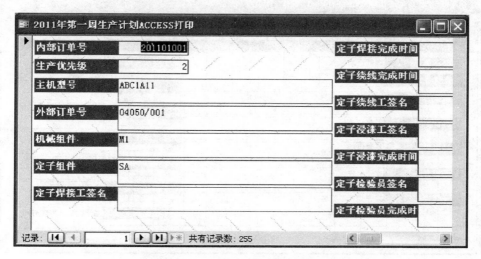

图 2-15 由 Access 表生成窗体-12 步骤之 7

（15）鼠标放在窗体文件《2011 年第一周生产计划 ACCESS 打印》上，单击菜单栏"设计"按钮，如图 2-16 所示。

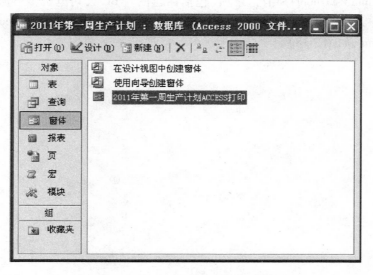

图 2-16 由 Access 表生成窗体-12 步骤之 8

（16）系统弹出窗体的设计界面,如图2-17所示。

图2-17　由 Access 表生成窗体-12 步骤之 9

（17）将各项记录选中,重新拖曳、排布、使其(由于系统默认的页边距为25.4mm,A4纸尺寸为297mm×210mm)所有记录项(包括标题栏"ABC 公司电机生产流转卡")分布且充满在246.2(297-2×25.4) mm×159.2(210-2×25.4) mm 区域内(Access 默认的页边距是25.4mm,如图2-18)。

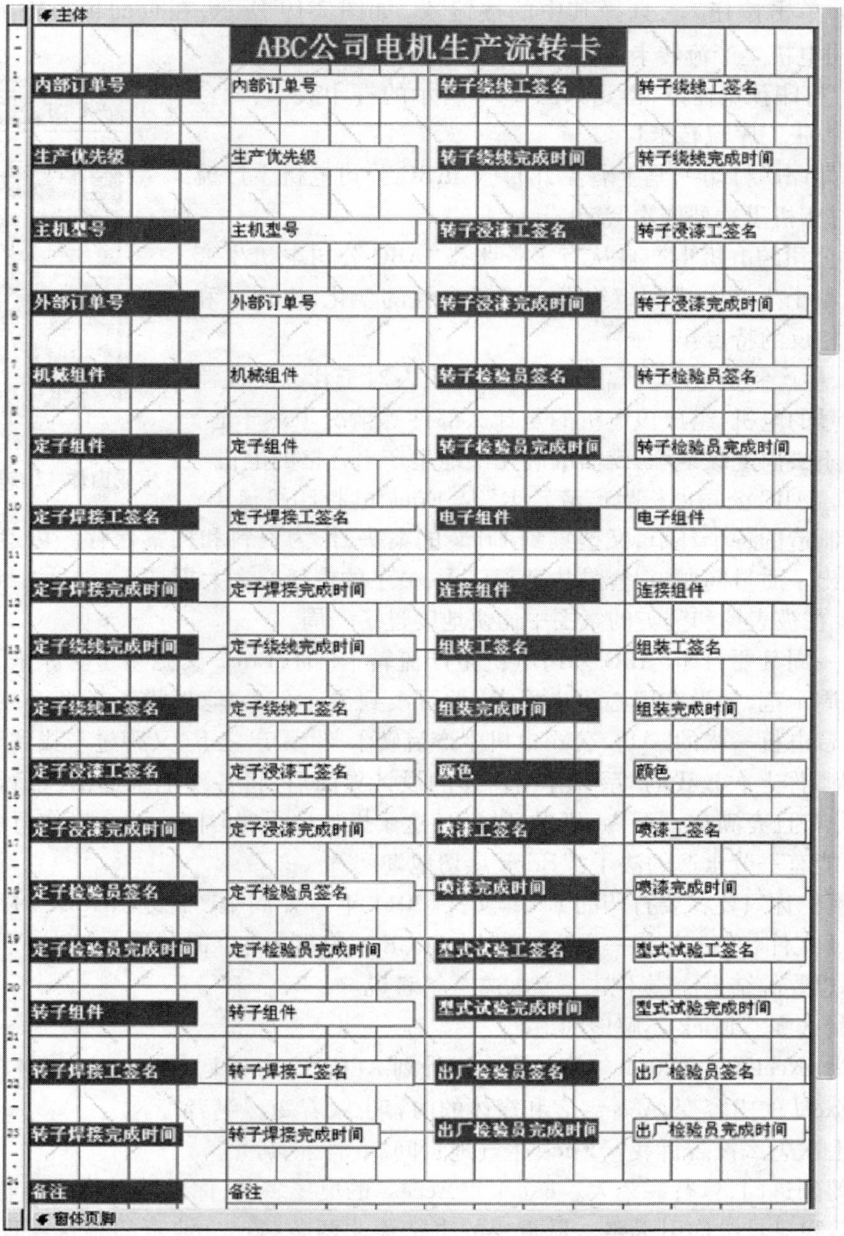

图 2-18　由 Access 表生成窗体-12 步骤之 10

（18）单击按钮，选择其中的按钮 **Aa**，如图 2-19 所示，在页面顶端输入标题栏"ABC 公司电机生产流转卡"。

（19）打印预览窗体，得到如图 2-20 所示的打印效果：每台电机打印一张工序流转卡！

（20）单击"打印"，马上看见几百张"ABC 公司电机生产流转卡"从打印机里往外依次"流出"。

ABC 公司的电机生产自从有了一张张"ABC 公司电机生产流转卡"，整个生产安排和组织发生了革命性的变化，出现了和以往完全相反的特点：

第一，生产制造效率大幅度提高，生产工人对于什么时候制造什么型号的电机，组成该电机的是什么部件等情况了然于心，很少甚至不必向上级请示，就能准确无误地生产出合格的电机。

图 2-19　由 Access 表生成窗体-12 步骤之 11

第二，"ABC 公司电机生产流转卡"从 Erick 的打印机流出，经过生产制造的各个环节，又搜集到 Erick 的案头，作为资料和档案保存。可追溯性强，某台电机出了质量问题，很容易找到责任人，员工的责任心大大提高。

Erick 在被表扬和赞美的氛围中愉快地度过了一周。

新的一周又要打印"ABC 公司电机生产流转卡"时，Erick 又犯愁了。原来，Erick 看着笔者上周示范，他没有用心深入思考、学习没到位。今天，他折腾了老半天，还是没有打印出一台电机一张的"ABC 公司电机生产流转卡"。无奈之下，又跑过来找到笔者。

"大师，你上次教我的'系统弹出窗体的设计界面后，将各项记录选中，重新拖曳、排布、使其分布且充满在一页 A4 纸的区域内'这个操作也很费时间。这个操作每次都要做吗？能不能有一劳永逸的法子？"Erick 恳切地询问。

"有啊！你只要将要打印的 Excel 文件《2011 年第 X 周生产计划 ACCESS 打印》拷贝后将 Excel 文件《2011 年第一周生产计划 ACCESS 打印》内容覆盖掉，保存一下，就可以打印出你想要的结果。岂不是一劳永逸？"笔者说。

"为什么呢？"Erick 不解地问道。

"因为 Excel 文件《2011 年第一周生产计划 ACCESS 打印》、Access 表、窗体的内容是关联的，Excel 的内容变，Access 表和窗体的内容也跟着变。"笔者答。

"你上次怎么没告诉我？"Erick 生气地责问。

"师傅领进门，修行靠个人。Excel 和 Access 的奥秘多了，你自己也要动脑筋，买两本书看看吧，我只是给你引引路。最重要的事情无非两条：首先，清晰的精益管理思路；其次，运用 Excel、Access 等计算机软件将精益管理思路变成现实。"

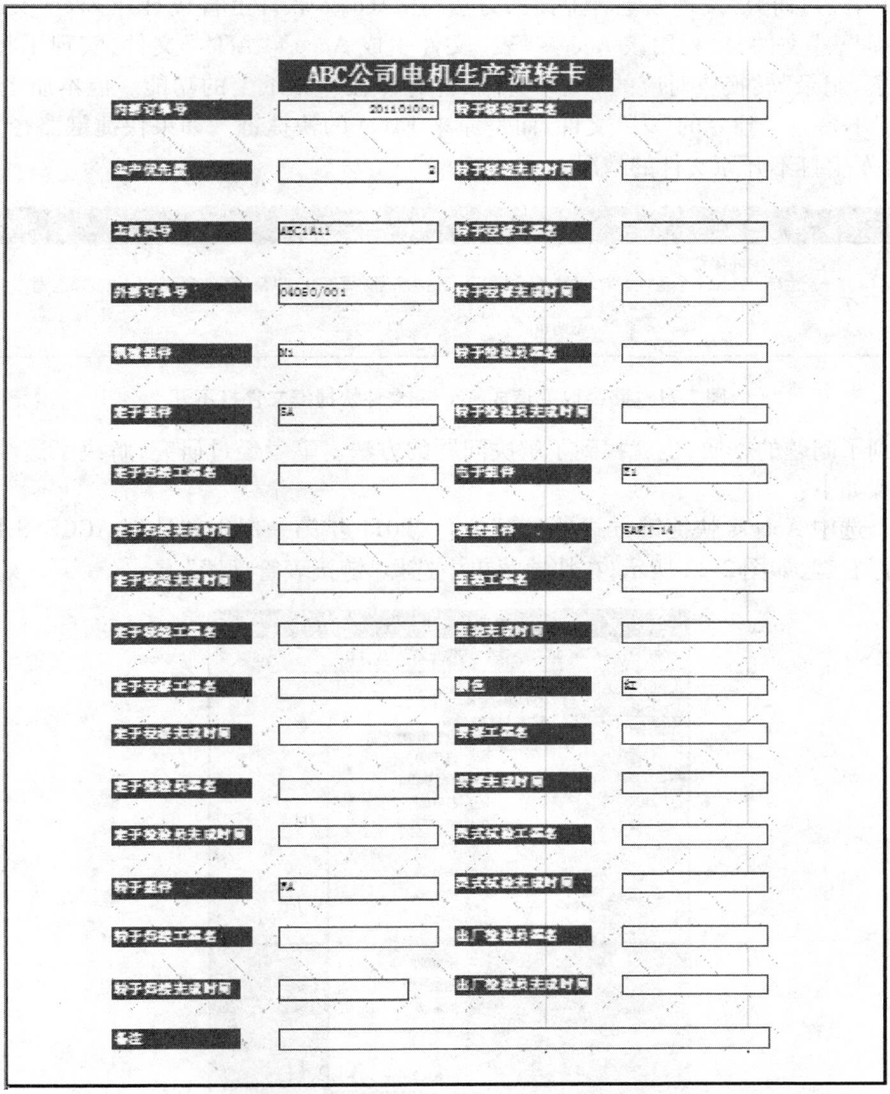

图 2-20　由 Access 表生成窗体-12 步骤之 12

　　过了一段时间,Erick 换了台新电脑,他将原来电脑上的文件拷贝到新电脑上使用时,发现 Access 文件《2011 年第一周生产计划 ACCESS 打印》打不开(如图 2-21),觉得很奇怪,又来找笔者。

　　笔者将其文件拷贝到自己和其他同事的电脑上,该 Access 文件同样打不开。

后来,经过研究,发现按笔者上面的方法,在 Access 软件上直接打开 Excel 文件生成的 Access "表"文件,再利用该 Access "表"文件生成 Access "窗体"文件,实现了将 Excel 的每一条"纪录"转换成对应的一个"窗体"并打印在一张纸上的功能。但本质上该 Access "表"不是一个独立的"表"文件,而是原来 Excel 的快捷键。如果快捷键路径发生转移,就会发生打不开原文件的情况。

图 2-21 路径改变造成 Access 文件快捷键文件打不开

找到了问题的本质,也就找到了解决问题的方法。笔者经过研究,解决了这个问题。具体步骤如下:

(1)选中 Access 快捷键方式的"表"文件《2011 年第一周生产计划 ACCESS 打印》,单击鼠标右键,如图 2-22 所示,在快捷菜单中选择"链接表管理器"。

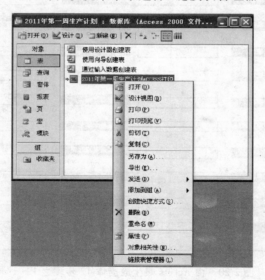

图 2-22 选择"链接表管理器"

(2)选中"请选择待更新的链接表"中的复选框,如图 2-23 所示,单击"确定"按钮。

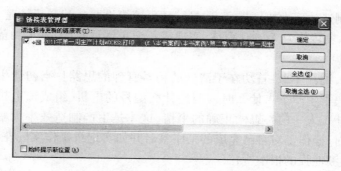

图 2-23　选择待更新的链接

（3）选择 Access 快捷键方式的"表"文件《2011 年第一周生产计划 ACCESS 打印》在新的电脑中对应的 Excel 文件的新位置，如图 2-24 所示。

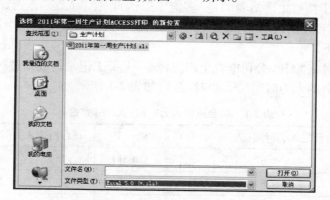

图 2-24　选择待更新 Excel 文件的链接

执行完上面的操作后，Access 快捷键方式的"表"文件表、窗体文件就可以在新的电脑上重新打开了。

2.4　【绝妙实例 6】"生产节拍"与"加班安排"

保持生产节拍的平稳性，是精益生产的重要要求之一。忽快忽慢的生产节拍，会给生产带来诸多隐患，如容易引发质量隐患、安全事故、人员疲惫等。加班安排也是一门学问，既要保证生产交货，又要尽量做到少加班，这就必须做到心中有数、有预见性。

2.4.1　条件格式

某个周末，生产部的 Erick 对笔者说："今天老板找我谈话，说我在精益管理上表现突出,特别是生产制造效率大幅度提高,质量管理可追溯性强!我心里清楚,这都是你的帮助,将 Excel 汇总表转化为 Access 窗体、实现每条记录逐页打印,事半功倍的结果哟!你是首功!"

笔者想了想,说:"不敢,首功在于清晰的精益管理的思路!当初让生产部制定一张工序流转卡,解决了生产工人什么时候制造什么型号的电机,组成该电机的是什么部件的问题。这样,让工人一门心思做正确的事情,这才是生产制造效率大幅度提高的根本所在;电机生产时,操作工对自己完成的工序签名并如实记录操作实际花费的时间,这又是质量管理可追溯性强的根本所在!"

"精益管理思路很重要,运用软件将思路轻松落实同样重要!不过,老板说了,如果能将生产节拍和加班安排再合理一点,就更好了!"Erick 说。

笔者和 Erick 经过研究,发现精益生产要素(人、机、料、法、环、能、信)中,最有潜力可挖的是"人"。由于精益生产培养的是"多能工",因此,把"人工"计划好了,生产节拍就平稳了。于是,笔者开始运用 Excel 条件格式,解决了员工加班安排和生产节奏平稳性问题。具体步骤如下:

(1)对一个月来"ABC 公司电机生产流转卡"上员工记录的数据进行统计,得出每台电机生产装配所需的人力时间(人.小时/台),如表 2-1 所示。

表 2-1   每台所需人力时间(人.小时/台)

机　型	每台所需人力时间(人.小时/台)	机　型	每台所需人力时间(人.小时/台)
ABC1D1	6	ABC2F1	12
ABC1D2	6	ABC2F2	12
ABC1E1	8	ABC2G1	15
ABC1E2	8	ABC2G2	15

(2)设计出如图 2-25 所示的 Excel 表格,填写"每周必须完成的电机台数",通过 Excel 的公式自动计算出来:"一周所需人力时间(人.小时)"、"一周正常班拥有人力时间(人.小时)"等生产要素。

(3)单击菜单栏"工具"按钮,选择"选项"命令(如图 2-26),在弹出的"选项"对话框中选择"视图"选项卡,在"窗口选项"中选中"公式"复选框,单击"确定"按钮,如图 2-27所示。Excel 表格变成如图 2-28 所示,"一周所需人力时间(人.小时)",各种人工数量的计算公式全部得到显示。

	A	B	C	D
1				
2		**ABC公司装配车间生产节奏平衡表**		
3		机型	每台所需人力时间(人.小时/台)	每周必须完成的电机台数
4				Week1
5		ABC1D1	6	23
6		ABC1D2	6	25
7		ABC1E1	8	30
8		ABC1E2	8	26
9		ABC2F1	12	78
10		ABC2F2	12	53
11		ABC2G1	15	42
12		ABC2G2	15	36
13		一周生产电机台数小计		313
14		一周所需人力时间(人.小时)		3238
15		一周应需装配工人数量(人)		81
16		一周实有装配工人数量(人)		80
17		一周正常班拥有人力时间(人.小时)		3200
18		一周有1天加班2小时,拥有人力时间(人.小时)		3360
19		一周有2天加班2小时,拥有人力时间(人.小时)		3520
20		一周有3天加班2小时,拥有人力时间(人.小时)		3680
21		一周有4天加班2小时,拥有人力时间(人.小时)		3840
22		一周有5天加班2小时,拥有人力时间(人.小时)		4000
23		一周有5天加班2小时+周六半天拥有人力时间(人.小时)		4320
24		一周有5天加班2小时+周六一天拥有人力时间(人.小时)		4640

图 2-25　生产节奏平衡表制作初步

图 2-26　显示单元格公式-3 步骤之 1

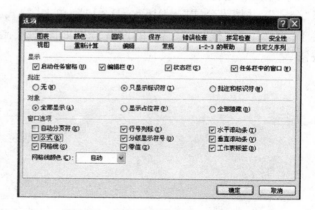

图 2-27　显示单元格公式-3 步骤之 2

	B	C	D
1			
2	ABC公司装配车间生产节奏平衡表		
3	机型	每台所需人力时间	每周必须完成的电机台数
4		（人. 小时/台）	Week1
5	ABC1D1	6	23
6	ABC1D2	6	25
7	ABC1E1	8	30
8	ABC1E2	8	26
9	ABC2F1	12	78
10	ABC2F2	12	53
11	ABC2G1	15	42
12	ABC2G2	15	36
13	一周生产电机台数小计	=SUM(D5:D12)	
14	一周所需人力时间（人. 小时）	=$C5*D5+$C6*D6+DD7*D7+$C8*D8+$C9*D9+$C10*D10+$C11*D11+$C12*D12	
15	一周应需装配工人数量（人）	=D14/8/5	
16	一周实有装配工人数量（人）	80	
17	一周正常班拥有人力时间（人. 小时）	=D$16*5*8	
18	一周有1天加班2小时,拥有人力时间（人. 小时）	=D$16*(4*8+10)	
19	一周有2天加班2小时,拥有人力时间（人. 小时）	=D$16*(3*8+2*10)	
20	一周有3天加班2小时,拥有人力时间（人. 小时）	=D$16*(2*8+3*10)	
21	一周有4天加班2小时,拥有人力时间（人. 小时）	=D$16*(1*8+4*10)	
22	一周有5天加班2小时,拥有人力时间（人. 小时）	=D$16*5*10	
23	一周有5天加班2小时+周六半天拥有人力时间（人. 小时）	=D$16*(5*10+4)	
24	一周有5天加班2小时+周六一天拥有人力时间（人. 小时）	=D$16*(5*10+8)	

图 2-28　显示单元格公式-3 步骤之 3

（4）基于精益生产的原则,在保证完成生产任务的前提下,尽可能不安排或少安排加班。用"一周正常班拥有人力时间（人. 小时）"、"一周有 1 天加班 2 小时,拥有人力时间（人. 小时）"、"一周有 3 天加班 2 小时,拥有人力时间（人. 小时）"等逐一和"一周应需装配工人数量（人）"相比较,大于等于而且最接近"一周应需装配工人数量（人）"的,为生产计划安排最合理选项。在图 2-25 中,通过观察可以看出:3360 >= 3238,最合理选项应该是"一周有 1 天加班 2 小时,拥有人力时间（人. 小时）"。

（5）如果采用"条件格式",这一结果的得出会更加直观。如图 2-29 所示,选中"D17"单元格,选择菜单"格式"中的"条件格式",弹出如图 2-30 所示对话框,"条件 1"选择"公式",并填入公式" = D16 >= D ＄ 14",单击"格式"按钮,弹出"单元格格式"对话框,关于"字体"、"边框"、"图案"的设置分别如图 2-31、图 2-32、图 2-33 所示,单击"确定"按钮。

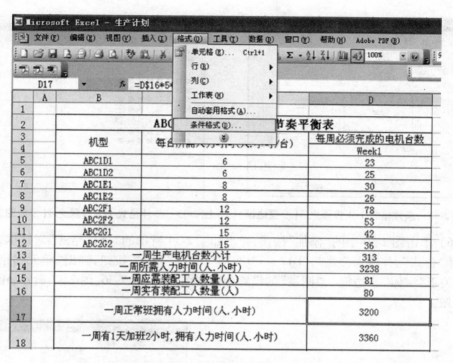

图 2-29　选取条件格式

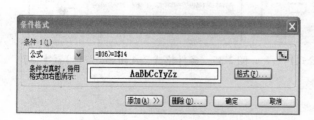

图 2-30　条件格式 1-4 步骤之 1(设置公式)

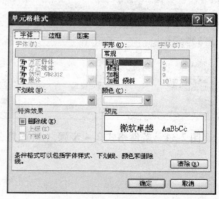

图 2-31　条件格式 1-4 步骤之 2(设置字体)

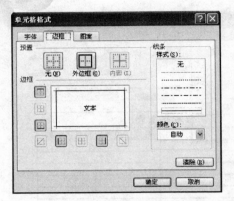
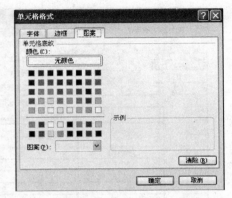

图 2-32　条件格式 1-4 步骤之 3（设置边框）　　图 2-33　条件格式 1-4 步骤之 4（设置图案）

（6）单击图 2-30 中的"添加"按钮，弹出如图 2-34 所示的"条件格式"对话框，"条件2"选择"公式"、并填入公式"＝D17＞＝D＄14"，选择"格式"按钮，弹出"单元格格式"对话框，关于"字体"、"边框"、"图案"的设置分别如图 2-35、图 2-36、图 2-37 所示，单击"确定"按钮。

图 2-34　条件格式 2-4 步骤之 1（设置公式）　　图 2-35　条件格式 2-4 步骤之 2（设置字体）

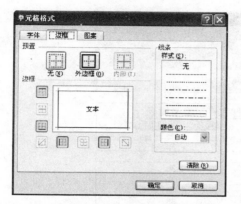

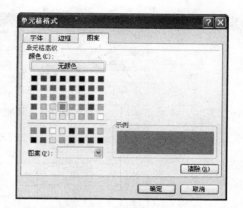

图 2-36　条件格式 2-4 步骤之 3（设置边框）　　图 2-37　条件格式 2-4 步骤之 4（设置图案）

（7）单击图 2-34 中的"添加"按钮，弹出如图 2-38 所示"条件格式"对话框，"条件 3"选择"公式"，并填入公式"= D17 > 0"，"格式"的选择同"条件 1"。

图 2-38　条件格式 3-4 步骤之 1（设置公式）

（8）选中 D17 单元格，单击工具栏上的格式刷按钮，从 D17 单元格一直拖曳到 D24 单元格，如图 2-39 所示，D18 单元格字体被加粗并有单划线、图案变成绿色，其他单元格的格式未发生变化。D18 单元格数值 3360，大于等于而且最接近"一周应需装配工人数量（人）" >= 3238，因此，"一周有 1 天加班 2 小时"为本例中的生产计划安排最合理选项。当然，3360-3238 = 122 仍然有富余量。

　　由于实际生产中情况复杂，要留有余地、灵活掌握，以便应对一些突发问题。例如，有的员工家里有事，不来加班了；突发性的质量问题；突发性的原材料不能到货；等等。不同公司根据实际情况，灵活掌控富余量。例如，可将"一周有 1 天加班 2 小时"中的 2 小时细化到 1 小时。

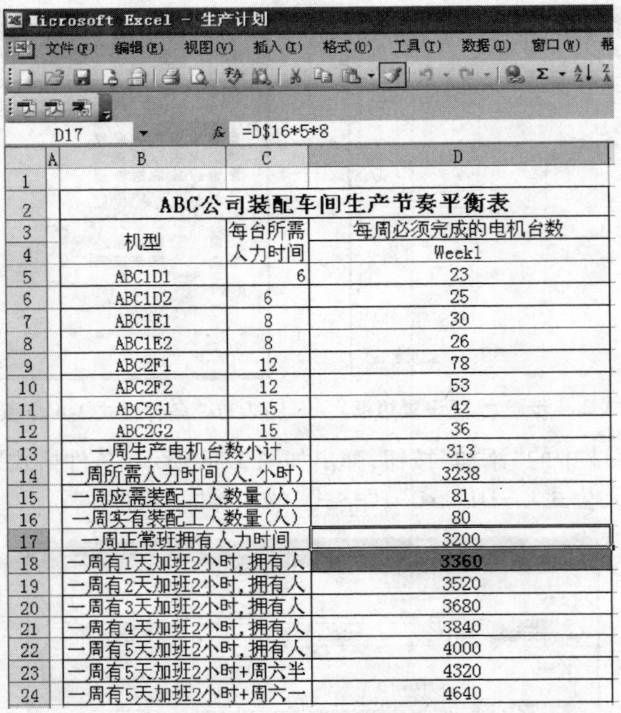

图 2-39　用格式刷将其他单元格赋予条件格式

看到这，Erick 感到了运用 Excel 条件格式解决员工加班安排和生产节奏平稳性问题的方便与直观，非常高兴。但有的地方 Erick 看不明白，例如：条件格式公式中的"＝D16＞＝D＄14"为何会有美元符号"＄"；条件格式中，条件1、条件2、条件3，它们之间的关系；等等。

针对 Erick 的问题，笔者在下一节给他解开了其中的"奥秘"。

2.4.2　相对引用、绝对引用、混合引用

相对引用　如图 2-40 所示，公式中的相对单元格引用（如 A1）是基于包含公式和单元格引用的单元格的相对位置。如果公式所在单元格的位置改变，引用也随之改变。如果多行或多列地复制公式，引用会自动调整。默认情况下，新公式使用相对引用。例如，如果将单元格 B2 中的相对引用复制到单元格 B3 中，将自动从"＝A1"调整到"＝A2"。复制的公式具有相对引用。

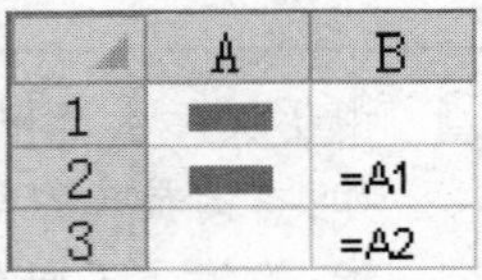

绝对引用　如图 2-41 所示，单元格中的绝对单元格引用（如

图 2-40　相对引用

$A$1）总是在指定位置引用单元格。如果公式所在单元格的位置改变,绝对引用保持不变。如果多行或多列地复制公式,绝对引用将不作调整。默认情况下,新公式使用相对引用,需要将它们转换为绝对引用。例如,如果将单元格 B2 中的绝对引用复制到单元格 B3,则在两个单元格中一样,都是 $A$1。

	A	B
1	▬	
2		=$A$1
3		=$A$1

图 2-41　绝对引用

混合引用　本例中的"= D16 > = D$14",既有"相对引用",又有"绝对引用",称为"混合引用"。

　　条件格式中,各条件之间的关系。条件 1、条件 2、条件 3 之间,是优先选择的关系:如果条件 1 成立,就执行条件 1 设定的"字体"、"边框"和"图案";否则,如果条件 2 成立,就执行条件 2 设定的"字体"、"边框"和"图案";否则,如果条件 3 成立,就执行条件 3 设定的"字体"、"边框"和"图案"。

　　Erick 明白了上述道理,在后续生产计划中运用 Excel 条件格式,解决员工加班安排和生产节奏平稳性问题(如图 2-42),做到了心中有数。随着公司的发展,业务的壮大,Erick 还及时向人力资源部门提出了招聘员工的计划。Erick 不仅受到公司表彰,而且半年后被提升为生产计划经理。

ABC公司装配车间生产节奏平衡表										
机型	每台所需人力时间(人.小时/台)	每周必须完成的电机台数								
		Week1	Week2	Week3	Week4	Week5	Week6	Week7	Week8	Week9
ABC1D1	6	23	30	26	30	32	36	39	43	47
ABC1D2	6	25	26	24	25	25	30	32	37	41
ABC1E1	8	30	35	29	31	30	40	43	51	56
ABC1E2	8	26	29	27	29	30	35	38	43	47
ABC2F1	12	78	80	77	78	80	85	89	94	99
ABC2F2	12	53	54	55	57	51	60	60	67	70
ABC2G1	15	42	45	60	68	66	47	40	26	17
ABC2G2	15	36	35	36	36	40	50	57	67	76
一周生产电机台数小计		313	334	334	354	354	383	398	428	453
一周所需人力时间(人.小时)		3238	3376	3540	3742	3744	3871	3973	4151	4327
一周应需装配工人数量(人)		81	84	89	94	94	97	99	104	108
一周实有装配工人数量(人)		80	81	82	83	84	85	86	87	88
一周正常班拥有人力时间(人.小时)		3200	3240	3280	3320	3360	3400	3440	3480	3520
一周有1天加班2小时,拥有人力时间(人.小时)		3360	3402	3444	3486	3528	3570	3612	3654	3696
一周有2天加班2小时,拥有人力时间(人.小时)		3520	3564	3608	3652	3696	3740	3784	3828	3872
一周有3天加班2小时,拥有人力时间(人.小时)		3680	3726	3772	3818	3864	3910	3956	4002	4048
一周有4天加班2小时,拥有人力时间(人.小时)		3840	3888	3936	3984	4032	4080	4128	4176	4224
一周有5天加班2小时,拥有人力时间(人.小时)		4000	4050	4100	4150	4200	4250	4300	4350	4400
一周有5天加班2小时+周六半天拥有人力时间(人.小时)		4320	4374	4428	4482	4536	4590	4644	4698	4752
一周有5天加班2小时+周六一天拥有人力时间(人.小时)		4640	4698	4756	4814	4872	4930	4988	5046	5104

图 2-42　运用 Excel 条件格式,解决员工加班安排和生产节奏平稳性问题

2.5　习题与练习

1．概念题。

（1）简述"JIT"的定义、主要特征。

（2）结合实际，列举"JIT"在实施过程中容易产生的一些症结。

（3）单元格引用有哪几种形式？

2．操作题。

（1）结合实际，将自己公司的装配生产计划表转化成每一台设备的装配工序流转卡。

（2）利用 Excel 条件格式，结合自己公司装配计划的实际情况，设计出解决员工加班人员合理安排、保持生产节奏平稳性问题的表格。

3．扩展阅读。

（1）阅读与 JIT 相关的专业书籍。

（2）阅读有关 Access 的专业书籍。

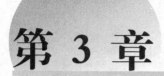

第3章

精益财务篇

本 章 要 点

☞ 热点问题聚焦

1. 什么叫"盘点"？通过"盘点"后能达到哪些目的?

2. 您有过对账的经历吗？手工式的对账让人晕头转向,是一种折磨。而利用 Excel 函数进行对账,让人一目了然,是一种享受! 各种数据分析和比较,也是如此。

3. 很多人都有用计算器统计数据的经历,因为害怕统计错误,每次都会将计算器按上好几遍。有比这更好的方法吗?

4. 同样的零部件,不同的人有不同的叫法,以致财务部、仓库和生产现场经常出错。怎样才能避免这种事件的发生呢?

☞ 精益管理透视

精益盘点、"盘点账"和"账面账"、零部件名称的唯一性等。

☞ Excel 原理剖析

VLOOKUP( )函数、**EXACT**( )函数、**IF**( )函数、函数之间的先后使用和套用、合并计算功能、数据筛选等。

☞ 研读目的举要

1. 以后遇到盘点对账、数据分析和比较等工作,是一种享受。让"速度"与"准确"完美地结合。以后遇到数据合并计算工作,会感觉轻松自如、小菜一碟。

2. 远离同样的零部件、不一样的称呼带来的困扰。

3. 通过 Excel 的手段,保证工作表中的数据"不多不少不重复",从而确保精益管理能够达到"不多不少不出差错"的境界!

☞ 经典妙联归纳

"VLOOKUP"　　高效匹配

"EXACT"　　　明察秋毫

3.1　"盘点"简介

实行精益生产管理的公司,经常要进行盘点工作。

盘点就是定期或不定期地对公司内的产品(包括产成品、部件、零件、原材料等)进行全部或部分清点,以确保掌握该期间内的经营业绩,并因此加以改善、加强管理。盘点是为了确切掌控产品或原材料的"进、销、存",可避免囤积太多货物或缺货的情况发生,对于计算成本及损失是不可或缺的数据。

通过盘点可以达到以下目的:

(1) 确切掌握库存量、存放位置、缺货状况、周转状况。

(2) 掌握损耗并加以改善;发掘并清除不合格零部件,整理环境、清除死角。

(3) 根据盘点情况,可加强管理、防微杜渐,同时及时阻止不规范行为。

盘点的内容主要包括以下几个方面:

(1) 数量盘点。

(2) 重量盘点。

(3) 货与账核对。

(4) "账面账"与"盘点账"核对。

"账面账"与"盘点账"进行核对后,一般有以下三种结果:

(1) 账实相符,就不需要调账。

(2) 账面记录数大于实际拥有数,此为盘亏(如账面记录100,实际只有80)。

(3) 账面记录数小于实际拥有数,此为盘盈(如账面记录80,实际却有100)。

无论是盘盈还是盘亏,都要依据实际拥有数来调整账面记录数。最终目的都是达到账实相符。

3.2 【绝妙实例 7】手工对账与函数对账

手工对账,既繁琐又未必准确。采用 Excel 函数对账,则事半功倍,且能保证准确性。

3.2.1 手工对账,两眼昏花

ABC 公司某日全公司停工盘点,盘点数据最后交到财务部 Susan 手上。她按照以前的方法将"盘点账"和"账面账"进行比较。她的操作如下:

(1) 通过汇总各盘点小组的数据,得到《ABC 公司零部件盘点数目表》(如图 3-1)。

	A	B	C	D	E
1	Part No.	Description	Sub-Total		
2	410-10268	1B NDE	274		
3	350-14420	BAL WEIGHT	500		
4	362-11690	BALANCE WT	300		
5	011-60008	BAR 30 X 6 MM	69.844		
6	013-20081	BAR 30 X 6 MM	19413.5		
7	031-21166	BAR 30 X 6 MM	74.1401		
8	031-21167	BAR 30 X 6 MM	29.145		
9	350-11610	BAR 30 X 6 MM	536		
10	350-11620	BAR 30 X 6 MM	180		
11	410-10309	BAR 30 X 6 MM	2192		
12	003-09006	CONN P22X13.5MM LONG	274		
13	003-09007	CONN P8X9.5MM LONG	822		
14	022-60202	FAB FRAMES	1096		
15	050-14032	FAB FRAMES	1096		

图 3-1 《ABC 公司零部件盘点数目表》

Susan 找到从上一次盘点到这次盘点,财务部的《ABC 公司零部件账面数目表》(如图 3-2)。

(2) 新建一个工作簿,并命名为《ABC 公司盘点数目和账面数比较》,将"盘点账"和"账面账"工作表全部移到此工作簿中,将"盘点账"所有单元格内容设置成红色。

图 3-2　《ABC 公司零部件账面数目表》

（3）新建一张工作表，并命名为"账面数和盘点数比较表"，将"盘点账"和"账面账"工作表全部复制到"账面数和盘点数比较表"，按照"Part No."对所有内容进行排序，这样一来，所有对得上的那一行都成对的在一起，如图 3-3 所示。

图 3-3　《账面数和盘点数比较表》

  笔者经过调查发现，用这种方法对账大有人在。但这样对账有一个弊端：一些对不上的行穿插在表中间，必须一个个找出来。当数据的行数太多时，还会出现两个问题：一是时间花得太多；二是这样人工寻找、比较结果，难免会有遗漏之处。

　　Susan 正想着怎样改变这种"手工式"的对账方式,恰好笔者到财务部办事,Susan 赶紧叫住笔者,将上述情况向笔者作了一番介绍后,问笔者有没有既快又好的办法。笔者"头脑飞转",想到两个函数,于是,就有了运用函数对账的想法。

　　开始操作之前,笔者给 Susan 介绍了下面两个函数。

3.2.2　VLOOKUP( )函数

　　1. 函数功能:在表格数组的首列查找值,并由此返回表格数组当前行中其他列的值。

　　2. 函数语法:VLOOKUP(lookup_value,table_array,col_index_num,range_lookup)

　　● lookup_value:需要在表格数组(用于建立可生成多个结果或可对在行和列中排列的一组参数进行运算的单个公式。数组区域共用一个公式;数组常量是用做参数的一组常量)第一列中查找的数值。lookup_value 可以为数值或引用。若 lookup_value 小于 table_array 第一列中的最小值,VLOOKUP 将返回错误值#N/A。

　　● table_array:两列或多列数据。请使用对区域的引用或区域名称。table_array 第一列中的值是由 lookup_value 搜索的值。这些值可以是文本、数字或逻辑值。不区分大小写。

　　● col_index_num:table_array 中待返回的匹配值的列序号。col_index_num 为 1 时,返回 table_array 第一列中的数值;col_index_num 为 2 时,返回 table_array 第二列中的数值,依此类推。如果 col_index_num 小于 1,VLOOKUP 返回错误值#VALUE!;大于 table_array 的列数,LOOKUP 返回错误值#REF!。

　　● range_lookup:为逻辑值,指定希望 VLOOKUP 查找的是精确的匹配值,还是近似匹配值:如果为 TRUE 或省略,则返回精确匹配值或近似匹配值。也就是说,如果找不到精确匹配值,则返回小于 lookup_value 的最大数值。table_array 第一列中的值,必须以升序排序;否则 VLOOKUP 可能无法返回正确的值。可以选择"数据"菜单上的"排序"命令,再选择"递增",将这些值按升序排序。如果为 FALSE 或"0",VLOOKUP 将只寻找精确匹配值。在此情况下,table_array 第一列的值不需要排序。如果 table_array 第一列中有两个或多个值与 lookup_value 匹配,则使用第一个找到的值。如果找不到精确匹配值,则返回错误值#N/A。

　　3. 函数说明:

　　(1) 在 table_array 第一列中搜索文本值时,必须确保 table_array 第一列中的数据没有前导空格、尾随空格、不一致的直引号('或")、弯引号('或")或非打印字符。在上述情况下,VLOOKUP 可能返回不正确或意外的值。

　　(2) 在搜索数字或日期值时,要确保 table_array 第一列中的数据未保存为文本值。否则,VLOOKUP 可能返回不正确或意外的值。

　　(3) 如果 range_lookup 为 FALSE 或"0",且 lookup_value 为文本,则可以在 lookup_

value 中使用通配符、问号(?)和星号(＊)。问号匹配任意单个字符,星号匹配任意字符序列。

(4)如果您要查找实际的问号或星号本身,请在该字符前键入波形符(～)。

介绍完 VLOOKUP()函数,接着介绍 EXACT()函数。

3.2.3　EXACT()函数

1. 函数功能:该函数测试两个字符串是否完全相同。如果它们完全相同,则返回 TRUE;否则,返回 FALSE。函数 EXACT 能区分大小写,但忽略格式上的差异。利用函数 EXACT()可以测试输入文档内的文本。

2. 函数语法:EXACT(text1,text2)。

● text1:待比较的第一个字符串。

● text2:待比较的第二个字符串。

3.2.4　函数联用对账法

介绍完两个函数,Susan 似懂非懂。

笔者将 VLOOKUP()和 EXACT()函数联合使用,将"盘点账"和"账面账"进行了比较。操作步骤如下:

(1)鼠标选中工作表《ABC 公司零部件盘点数目表》的 D2 单元格,如图 3-4 所示,单

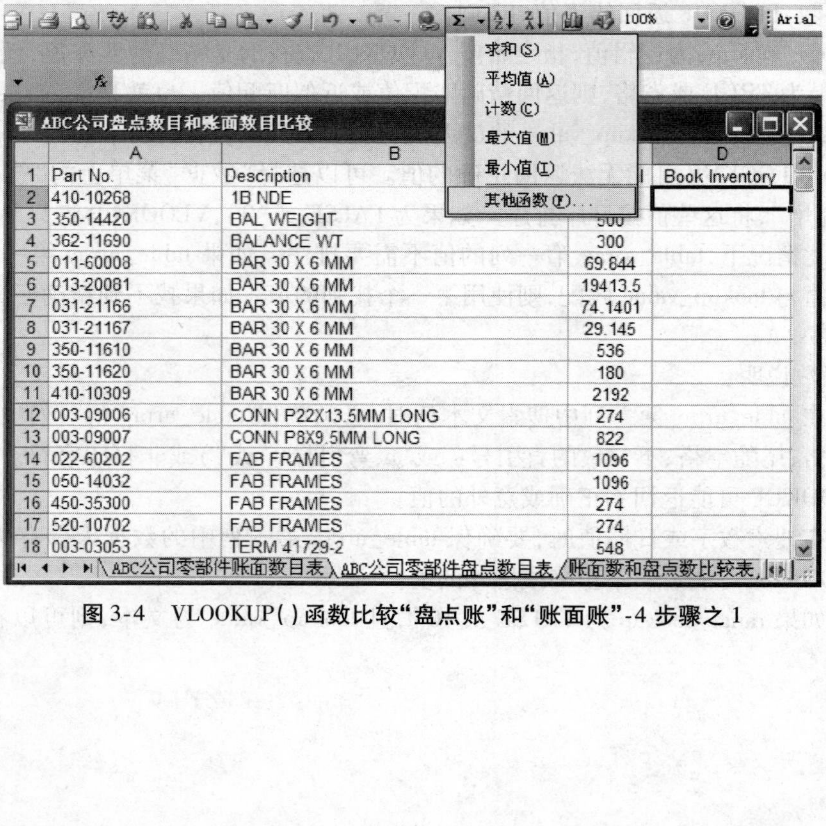

图 3-4　VLOOKUP()函数比较"盘点账"和"账面账"-4 步骤之 1

击函数菜单按钮 **Σ**，选择"其他函数"命令。

（2）在选择类别中找到"查找与引用"，如图 3-5 所示，在"选择函数"中选择"VLOOKUP"，单击"确定"按钮。

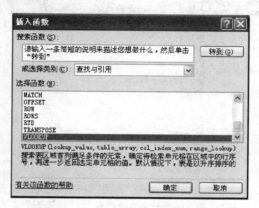

图 3-5　VLOOKUP( )函数比较"盘点账"和"账面账"-4 步骤之 2

（3）在弹出的"函数参数"对话框中，按如图 3-6 所示进行设置，单击"确定"按钮。

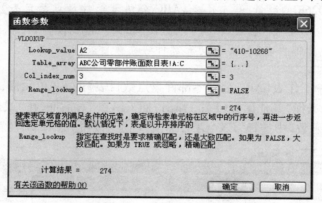

图 3-6　VLOOKUP( )函数比较"盘点账"和"账面账"-4 步骤之 3

📖　"Lookup_value" = "A2"是判断的条件，也就是说工作表《ABC 公司零部件盘点数目表》中 A 列对应的数据和工作表《ABC 公司零部件账面数目表》中 A 列的数据相同；"Table_array" = "ABC 公司零部件账面数目表! A：C"是指数据跟踪的区域；"Col_index_num" = "3"是指返回"Table_array"的什么数的列数，这里是第 3 列，即 C 列；"Range_lookup" = "0"是指 VLOOKUP 查找精确的匹配值。

（4）工作表《ABC 公司零部件盘点数目表》的 D2 单元格的返回值为 274，如图 3-7 所示。

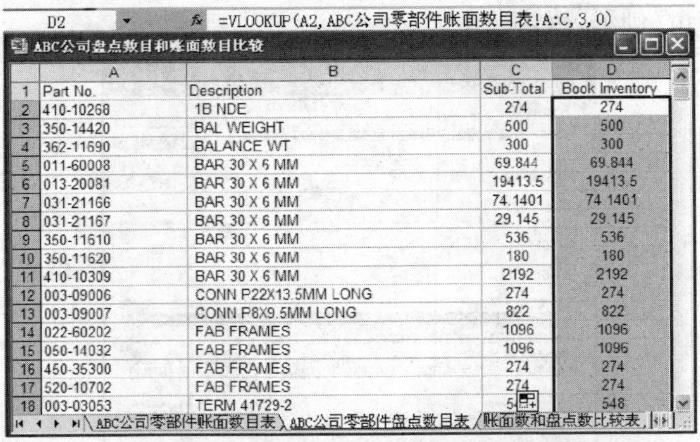

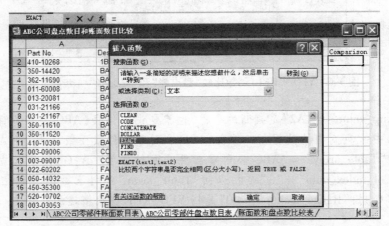

图 3-7　VLOOKUP( ) 函数比较"盘点账"和"账面账"-4 步骤之 4

　　单元格 D2 的返回值等于 274，就是工作表《ABC 公司零部件账面数目表》中零件号为 410-10268 的数量，与工作表《ABC 公司零部件盘点数目表》的 C2 单元格数量相等，说明该零件"盘点数"与"账面数"相同。拖曳鼠标，在 D 列对应的单元格中得到其他零部件在《ABC 公司零部件账面数目表》中的数量。

（5）鼠标选中工作表《ABC 公司零部件盘点数目表》的 E2 单元格，如图 3-8 所示，单击函数菜单按钮，选择"其他函数（F）"；弹出"插入函数"对话框，在"或选择类别"中找到"文本"，在"选择函数"中选择"EXACT"，单击"确定"按钮。

图 3-8　EXACT( ) 函数比较"盘点账"和"账面账"-5 步骤之 1

（6）在弹出的"函数参数"对话框中，按如图 3-9 所示进行设置，单击"确定"按钮。

图 3-9　EXACT( )函数比较"盘点账"和"账面账"-5 步骤之 2

📖　"Text1"＝"C2"是待比较的第一个字符串：盘点数；"Text2"＝"D2"是待比较的第二个字符串：账面数。

（7）工作表《ABC 公司零部件盘点数目表》的 E2 单元格的返回值为"TRUE"；拖曳鼠标，如图 3-10 所示，在 E 列对应的单元格中得到其他零部件的比较结果。

	A	B	C	D	E
1	Part No.	Description	Sub-Total	Book Inventory	Comparison
2	410-10268	1B NDE	274	274	TRUE
3	350-14420	BAL WEIGHT	500	500	TRUE
4	362-11690	BALANCE WT	300	300	TRUE
5	011-60008	BAR 30 X 6 MM	69.844	69.844	TRUE
6	013-20081	BAR 30 X 6 MM	19413.5	19413.5	TRUE
7	031-21166	BAR 30 X 6 MM	74.1401	74.1401	TRUE
8	031-21167	BAR 30 X 6 MM	29.145	29.145	TRUE
9	350-11610	BAR 30 X 6 MM	536	536	TRUE
10	350-11620	BAR 30 X 6 MM	180	180	TRUE
11	410-10309	BAR 30 X 6 MM	2192	2192	TRUE
12	003-09006	CONN P22X13.5MM LONG	274	274	TRUE
13	003-09007	CONN P8X9.5MM LONG	822	822	TRUE

ABC公司盘点数目和账面数目比较

ABC公司零部件账面数目表 / ABC公司零部件盘点数目表 / 账面数和盘点数比较表 /

图 3-10　EXACT( )函数比较"盘点账"和"账面账"-5 步骤之 3

📖　"TRUE"表明"盘点数"与"账面数"相同；"FALSE"表明"盘点数"与"账面数"不同。

（8）对 E 列结果进行筛选，如图 3-11 所示，选择"FALSE"。

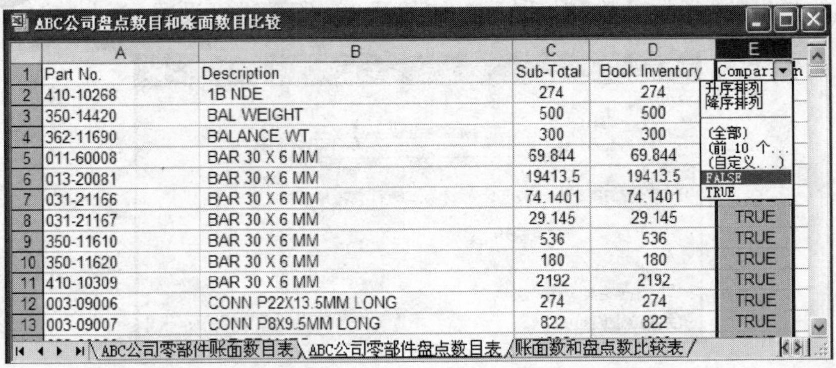

图 3-11　EXACT( ) 函数比较"盘点账"和"账面账"-5 步骤之 4

（9）对 D 列结果进行筛选的结果，发现有四种零部件"盘点数"与"账面数"不同，如图 3-12 所示。

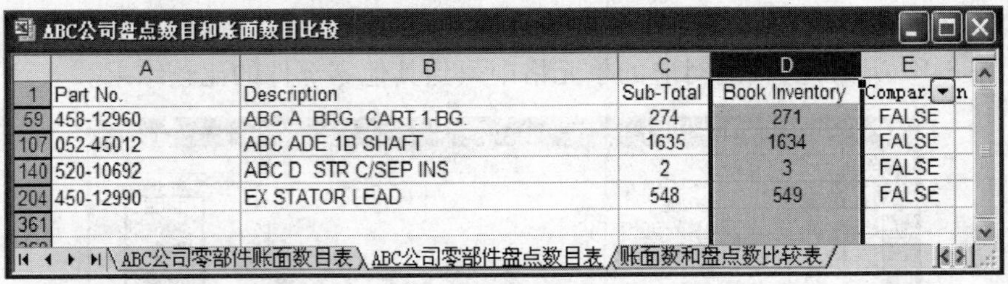

图 3-12　EXACT( ) 函数比较"盘点账"和"账面账"-5 步骤之 5

盘点对账进行到此，笔者对 Susan 说："恭喜你，只有四种零部件盘点数与账面数不同！"

Susan 说："大师，你的方法太神奇了，又快又准！不过，我得好好查查这四种零部件盘点数与账面数为什么会不同。"

"你好好查吧！"笔者答。

谁知道，这一查，又引出一些精彩的故事情节。

3.2.5　合并计算

第二天上班后，Susan 一见到笔者，立马说："大师，昨天不是有四种零部件盘点数与账面数不同吗？其实所有的零部件盘点数与账面数均相同！"

"怎么回事？"笔者疑惑地问。

"哎呀，你就别问了，丢死人了，昨天不是盘点吗？分成好几个小组，每个小组统计好的数据给我,我将这些数据统计出来,在统计的过程中,跟旁边的人说话,注意力分散了,加错了呗!"Susan 既不好意思,又感觉自己计算错误了,还情有可原。

"你是怎么统计的? 我想知道!"笔者感觉 Susan 的数据统计方法有问题。

"我按照财务部的《ABC 公司零部件账面数目表》中零部件的顺序,将每个小组统计好的数据,相同零部件号的数量,一种一种地用计算器加起来。有什么错吗?"Susan 疑惑地问。

"你太 Out 了! Excel 有'合并计算'功能,具有超乎想象的计算能力,无论多少数据,只要简单几步操作,马上就能计算出来。犯得上用计算器吗? 用计算器一不留神,很可能就算错了。"

"太对了,用计算器计算,容易重复计算,或者漏算。"Susan 回答道。

于是,笔者先向 Susan 总体上介绍了 Excel 的"合并计算"功能的特点。

"合并计算"功能特点:

(1) 当数据列表的列标题和行标题相同时,无论这种相同是发生在同一工作表中,还是在不同的工作表中的数据列表,合并计算所执行的操作将是按相同的行或列的标题项进行计算,这种计算可能包括求和、计数或是求平均值等。

(2) 当数据列表有着不同行标题或列标题时,合并计算则执行合并的操作,将同一工作表或不同工作表中的不同的行或列的数据进行内容合并,形成包括数据源表中所有不同行标题或不同列标题的新数据列表。

(3) 如果数据列表没有行标题和列标题时,合并计算将按照数据所在单元格位置进行计算。

以上分类合并的启用与否以及分类依据的选取可以通过"合并计算"对话框中的"首行"和"最左列"以及"创建连至源数据的链接"三个复选项的选择来实现,实现的方式如下:

(1) 当仅需要根据列标题进行分类合并计算时,则选取"首行"。

(2) 当仅需要根据行标题进行分类合并计算时,则选取"最左列"。

(3) 如果需要同时根据列标题和行标题进行分类合并计算时,则同时选取"首行"和"最左列"。

(4) 如果数据源列表中没有列标题或行标题(仅有数据记录),而选择了"首行"和"最左列",Excel 则将数据源列表的第一行和第一列分别默认为列标题和行标题。

(5) 如果自对"首行"或"最左列"两个选项都不选取,则 Excel 将按数据源列表中数据的单元格位置进行计算,不会自动分类。

(6) 如果自对"创建连至源数据的链接"选项进行选取,则数据源列表中单元格数据发生变化,"合并计算"结果随之改变。

介绍完 Excel 的"合并计算"功能,笔者直接用 Excel 的"合并计算"功能,将各个盘点小组提供给 Susan 的数据作为例子,进行了实例演示。

(1) 将各个盘点小组提供给 Susan 的数据用相同的格式(A 列是"Part No."、B 列是"Description"、C 列是"Sub-Total")放在同一个工作簿的不同工作表里[零部件盘点数(A 盘点小组)、零部件盘点数(B 盘点小组)、零部件盘点数(C 盘点小组)、零部件盘点数(D 盘点小组)],如图 3-13 所示。

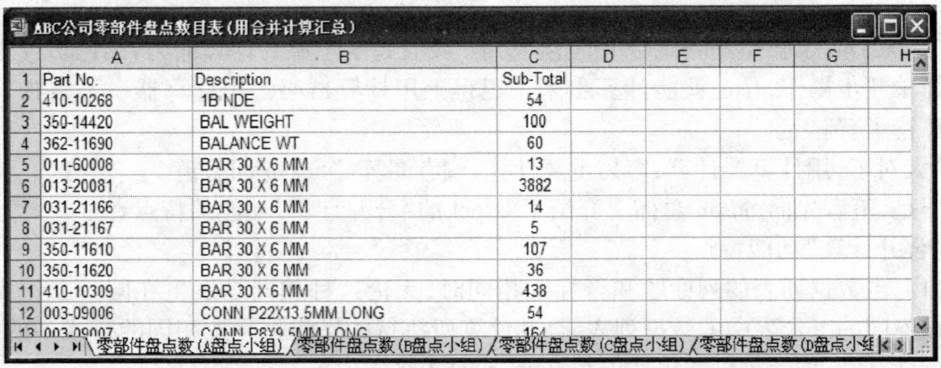

图 3-13   合并计算-6 步骤之 1

(2) 插入新的工作表,如图 3-14 所示,命名为"盘点数合并计算数量",选择单元格 A1,再选择"数据"→"合并计算"命令。

图 3-14   合并计算-6 步骤之 2

（3）弹出"合并计算"对话框，在"函数"下拉列表框中选择"求和"，"引用位置"选择"′零部件盘点数（A盘点小组）′！＄A∶＄C"，单击"添加"按钮，如图3-15所示。

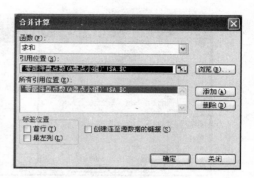

图3-15　合并计算-6步骤之3

（4）选择工作表"零部件盘点数（B盘点小组）"，系统自动选中"′零部件盘点数（B盘点小组）′！＄A∶＄C"，单击"添加"按钮，"′零部件盘点数（B盘点小组）′！＄A∶＄C"就被添加到"所有引用位置（E）"中，如图3-16所示。

（5）同上面操作，将"′零部件盘点数（C盘点小组）′！＄A∶＄C"和"′零部件盘点数（D盘点小组）′！＄A∶＄C"添加到"所有引用位置（E）"中，如图3-17所示，单击"确定"按钮。

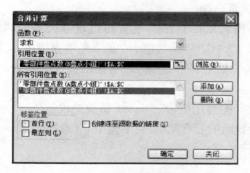

图3-16　合并计算-6步骤之4

图3-17　合并计算-6步骤之5

在"标签位置"选项中，本例选中"首行"、"最左列"复选框，是为了让系统同时根据列标题和行标题进行分类合并计算；选中"创建连至源数据的链接"选项，目的在于数据源列表中单元格数据发生变化时，"合并计算"结果随之改变。

（6）系统很快计算出各盘点小组的盘点数合并计算数，如图3-18所示。

Susan用VLOOKUP( )和EXACT( )函数将"合并计算功能得到的盘点账"和"用计算器一种一种零部件加起来的盘点账"进行比较，二者分毫不差。但二者的效率和一次性的计算正确率，却不可同日而语！

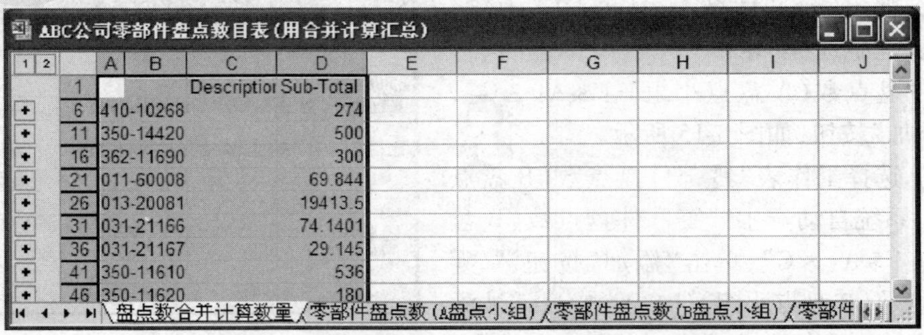

图 3-18　合并计算-6 步骤之 6

3.2.6　函数套用对账法

Susan 下了大工夫，买了几本 Excel 的书，认真研读。

这不，公司又一次盘点了，Susan 比上次显得轻松而自信。笔者路过她办公室时，她说："这次居然没用你教的 VLOOKUP( ) 函数和 EXACT( ) 函数组合，就漂亮地完成了本次盘点'账面账'和'盘点账'的对比问题！"Susan 说话时，将"漂亮"二字拉出长长的拖音。

"有何妙法，说出来听听。"笔者问。

"我用的是 VLOOKUP( ) 函数和 IF( ) 函数完美套用组合。"Susan 骄傲地说。

"哦，IF( ) 函数我还不太熟悉，能不能讲给我听听！"笔者假装不懂 IF( ) 函数。

于是，Susan 一本正经地对笔者讲起 IF( ) 函数来。

1. IF( ) 函数

（1）IF( ) 函数的用途：执行逻辑判断，它可以根据逻辑表达式的真假，返回不同的结果，从而执行数值或公式的条件检测任务。

（2）IF( ) 函数的语法：IF(logical_test, value_if_true, value_if_false)。

（3）IF( ) 函数的参数：

● logical_test：计算结果为 TRUE 或 FALSE 的任何数值或表达式。

● value_if_true：是 logical_test 为 TRUE 时函数的返回值，如果 logical_test 为 TRUE 并且省略了 value_if_true，则返回 TRUE。而且 value_if_true 可以是一个表达式。

● value_if_false：是 logical_test 为 FALSE 时函数的返回值。如果 logical_test 为 FALSE 并且省略 value_if_false，则返回 FALSE。value_if_false 也可以是一个表达式。

（4）实例：公式" = IF(C2 > = 85, "A", IF(C2 > = 70, "B", IF(C2 > = 60, "C", IF(C2 < 60, "D"))))"，其中第二个 IF 语句同时也是第一个 IF 语句的参数。同样，第三个 IF 语句是第二个 IF 语句的参数，依此类推。

例如，若第一个逻辑判断表达式"C2 > = 85"成立，则 D2 单元格被赋值"A"；如果第一个逻辑判断表达式"C2 > = 85"不成立,则计算第二个 IF 语句;依此类推,直至计算结束。

(5)注意:IF 函数公式不能超过 7 层嵌套!

2. 用 VLOOKUP( )、IF( )函数套用对账

等 Susan 讲完 IF( )函数,笔者便对她说:"Excel 的函数的原理是固定的,但与实际工作相结合,就会千姿百态,因为每个人思考的角度和方法不同,就会产生各种不同的奇思妙想!我现在特想知道你的奇思妙想,你怎样用 VLOOKUP( )函数和 IF( )函数完美组合,漂亮地完成本次盘点'账面账'和'盘点账'的对比问题的?"

禁不住笔者的期待和赞赏,Susan 展示了用 VLOOKUP( )函数和 IF( )函数完美组合,完成"账面账"和"盘点账"的对比问题的步骤。

(1)选择 D2 单元格,如图 3-19 所示,以 Part No.(零部件号)作为判断条件,用 VLOOKUP( )函数将工作表"A 公司零部件账面数"中数量"查找和引用"到工作表"A 公司零部件盘点数"对应的 D 列中。

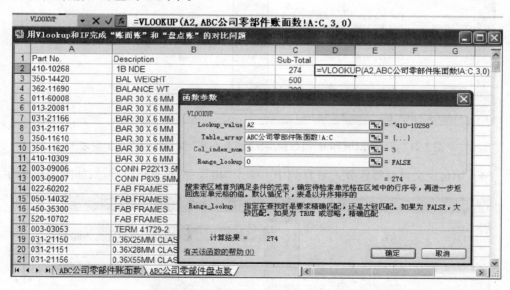

图 3-19 VLOOKUP 和 IF 函数套用比较"盘点账"和"账面账"-5 步骤之 1

(2)用 IF( )函数的语法格式(IF(logical_test,value_if_true,value_if_false)),修改 D2 单元格的公式,如图 3-20 所示。

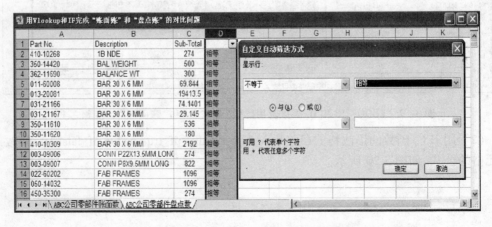

VLOOKUP ▼ ✗ ✓ ✗ =IF(VLOOKUP(A2,ABC公司零部件账面数!A:C,3,0)-C2=0,"相等",VLOOKUP(A2,ABC公司零部件账面数!A:C,3,0)-C2)

用Vlookup和IF完成"账面账"和"盘点账"的对比问题

	A	B	C	D	E	F	G	H
1	Part No.	Description	Sub-Total	▼				
2	410-10268	1B NDE	274	=IF(VLOOKUP(A2,ABC公司零部件账面数!A:C,3,0)-C2=0,"				
3	350-14420	BAL WEIGHT	500	相等",VLOOKUP(A2,ABC公司零部件账面数!A:C,3,0)-C2)				
4	362-11690	BALANCE WT	300	相 IF(logical_test, [value_if_true], [value_if_false])				

编辑 数字

图 3-20   VLOOKUP 和 IF 函数套用比较"盘点账"和"账面账"-5 步骤之 2

（3）拖曳鼠标，如图 3-21 所示，将 D2 单元格的公式复制到 D 列的其他有效单元格。

fx =IF(VLOOKUP(A2,ABC公司零部件账面数!A:C,3,0)-C2=0,"相等",VLOOKUP(A2,ABC公司零部件账面数!A:C,3,0)-C2)

用Vlookup和IF完成"账面账"和"盘点账"的对比问题

	A	B	C	D	E	F	G	H	I	J
1	Part No.	Description	Sub-Total							
2	410-10268	1B NDE	274	相等						
3	350-14420	BAL WEIGHT	500	相等						
4	362-11690	BALANCE WT	300	相等						
5	011-60008	BAR 30 X 6 MM	69.844	相等						
6	013-20081	BAR 30 X 6 MM	19413.5	相等						
7	031-21166	BAR 30 X 6 MM	74.1401	相等						
8	031-21167	BAR 30 X 6 MM	29.145	相等						
9	350-11610	BAR 30 X 6 MM	536	相等						
10	350-11620	BAR 30 X 6 MM	180	相等						
11	410-10309	BAR 30 X 6 MM	2192	相等						
12	003-09006	CONN P22X13.5MM LONG	274	相等						
13	003-09007	CONN P8X9.5MM LONG	822	相等						
14	022-60202	FAB FRAMES	1096	相等						

ABC公司零部件账面数 ABC公司零部件盘点数

图 3-21   VLOOKUP 和 IF 函数套用比较"盘点账"和"账面账"-5 步骤之 3

（4）用自定义自动筛选方式对 D 列中不等于"相等"的数据进行筛选，如图 3-22 所示。

用Vlookup和IF完成"账面账"和"盘点账"的对比问题

	A	B	C	D	E	F	G	H	I	J	K
1	Part No.	Description	Sub-Total								
2	410-10268	1B NDE	274	相等							
3	350-14420	BAL WEIGHT	500	相等							
4	362-11690	BALANCE WT	300	相等							
5	011-60008	BAR 30 X 6 MM	69.844	相等							
6	013-20081	BAR 30 X 6 MM	19413.5	相等							
7	031-21166	BAR 30 X 6 MM	74.1401	相等							
8	031-21167	BAR 30 X 6 MM	29.145	相等							
9	350-11610	BAR 30 X 6 MM	536	相等							
10	350-11620	BAR 30 X 6 MM	180	相等							
11	410-10309	BAR 30 X 6 MM	2192	相等							
12	003-09006	CONN P22X13.5MM LONG	274	相等							
13	003-09007	CONN P8X9.5MM LONG	822	相等							
14	022-60202	FAB FRAMES	1096	相等							
15	050-14032	FAB FRAMES	1096	相等							
16	450-35300	FAB FRAMES	274	相等							

自定义自动筛选方式

显示行:

不等于   相等

○ 与(A)   ○ 或(O)

可用 ? 代表单个字符
用 * 代表任意多个字符

确定   取消

ABC公司零部件账面数 ABC公司零部件盘点数

图 3-22   VLOOKUP 和 IF 函数套用比较"盘点账"和"账面账"-5 步骤之 4

（5）结果发现"账面账"和"盘点账"中有四个零部件数量不相等，如图3-23所示。

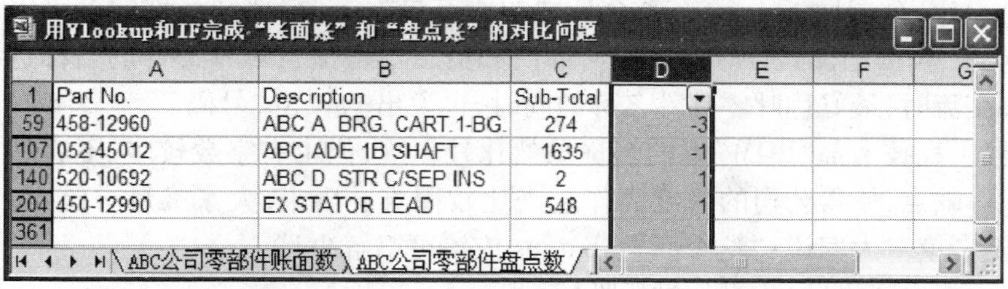

图3-23　VLOOKUP和IF函数套用比较"盘点账"和"账面账"-5步骤之5

看到Susan能将知识活学活用，笔者由衷地替她高兴，但还是故意问她："＝IF（VLOOKUP（A2，ABC公司零部件账面数！A：C，3，0）-C2 =0，"相等"，VLOOKUP（A2，ABC公司零部件账面数！A：C，3，0）-C2），这个VLOOKUP和IF完美组合的公式是什么意思？"

"就是账面数减去盘点数，如等于0，就显示'相等'，否则，就显示二者的差。"Susan答。

"那你为什么不直接一次性输入这个公式呢？"笔者问道。

"先输入VLOOKUP（）函数，再修改成VLOOKUP（）函数和IF（）函数组合的公式，分步输入，思路清晰，不容易发生输入性错误。"Susan回答道。

"高！我要叫你Susan大师了，真是青出于蓝而胜于蓝！"笔者大赞道。

3.3　【绝妙实例8】保证零部件名称的唯一性

Susans虽然对盘点对账的工作能够轻松自如地应付了，可作为成本会计的她，不久犯了一个低级错误：居然会将几种零部件张冠李戴，导致成本计算错误！

原来，在ABC公司，产品零部件种类繁多，很多零部件似是而非。同样一个零部件，虽然Part No.（零部件号）是唯一的，但Part No.通常是数字和字母的组合，不能给员工感性认识。所以，各部门员工在交流沟通时，还是喜欢称呼零部件的名称。但各个部门，甚至同一部门的员工，口头上各有各的别名，书写时也没有统一按技术部"BOM"上的名称在电脑上输入（同样一个零部件，采购部的订单上输入一个名称，仓库的入库单上输入的又是一个名称）。这就犯了精益管理的大忌！因为这种情况会严重影响员工之间交流的准确性，免不了会由此引发张冠李戴式的"误判"。

Susans的错误被发现，引起了ABC公司领导的高度重视，各部门有关人员被召集开会。结果发现，这种"误判"的情况，其他部门的员工也时有发生。只不过这种错误发生在财务部员工身上的几率会比其他部门大一些，因为其他部门员工与产品直接打交道的机会多,对产品的感性认识多少要比财务部员工强一些。

于是,ABC 公司做了一个规定:全公司的所有单据上,零部件名称的电脑输入,均以工程技术部"BOM"上的名称为准,任何部门和员工不得擅自对零部件的名称进行修改。相互口头交流时,最好称呼零部件名称的同时,也说出 Part No. 号码。

可是,工程技术部"BOM"上的名称虽然比较正规,但也有字数较多、不容易记忆、输入时间长等缺点,使得公司的规定操作起来比较困难。后来,大家又恳求笔者来解决这个问题,笔者就对大家说:"这个问题,Susans 应该可以解决!"

Susans 却说:"大师,你没教过我呀!"

笔者说:"不是我没教你,而是你对 VLOOKUP( )函数、EXACT( )函数、合并计算等知识的运用,还是没有达到融会贯通的境界!"

"还请大师多多指教!"大家一起求教笔者。

没办法,笔者只好教他们一招:既不用输入零部件名称,又能保证零部件名称和工程技术部门"BOM"上的名称一模一样的方法。

(1)将所有部件的"BOM"集中放置在同一张《BOM 集中放置》工作表中,如图 3-24 所示。也就是将 Sheet《M1》存放的"机械组件 1"、Sheet《M2》存放的"机械组件 2"、Sheet《SA》存放的"定子组件 A"……Sheet《RD》存放的"转子组件 D"、Sheet《E1》存放的"电器组件1"、Sheet《E2》存放的"电器组件 2"、Sheet《SAE1-14》存放的"连接组件 1(SAE1-14)"……Sheet《SAE00-21》存放的"连接组件 6(SAE00-21)"等工作表的内容,全部拷贝到《BOM集中放置》工作表中。

	A	B	C	D	E	F
	Father No.	Level	Part No.	Description	Quantity	UM
2		0	520WG201E102	ABC A 1B COMMON PTS	1	EA
36	520WG201E102	1	450-15125	WARNING LABEL-APPLICATION	1	EA
37	520WG201E102	1	030-02030	LIGHTNING LABEL (50X50)	1	EA
38	520WG201E102	1	016-40923	M10X50 HEX HD SET	4	EA
39	520WG201E102	1	028-31509	M10 SC LOCKWASHER	4	EA
40	520WG201E102	1	052-45013	TIE 2.4X92	8	EA
41	520WG201E102	1	052-46021	M4 TIE TC828	1	EA
42	520WG201E102	1	050-16655	M4 NUT (0.71-1.63)	1	EA
43	520WG201E102	1	029-61105	M4 PL WASHER	1	EA
44	520WG201E102	1	052-45007	TIE 4.8X168	3	EA
45	520WG201E102	1	462-12940	GROMMET	1	EA
46	520WG201E102	1	900-00314	AB BOTTOM COVER NDE	1	EA
47						
48	Father No.	Level	Part No.	Description	Quantity	UM
49		0	520WG201E102	ABC D 1B COMMON PTS	1	EA
50	520WG201E102	1	524W53	ABC D F FRAME KIT	1	EA
51	524W53	2	520-10330	ABC D F STD FRAME (MACHINED)	1	EA
52	520-10330	3	520-10331	ABC D F FRAME	1	EA
53	520-10331	4	520-10023	ABC D F	1	EA

BOM集中放置 / M1 / M2 / SA / SB / SC / SD / RA / RB / RC / RD / E1 / E2 / SAE1-14 / SAE1-18 / SAE0-1

图 3-24 将所有部件的"BOM"集中放置在同一页《BOM 集中放置》工作表中

（2）插入一张新的工作表《BOM 清单》，选择"数据"→"合并计算"命令，将《BOM 集中放置》工作表中 C～E 列的内容合并计算到工作表《BOM 清单》中，如图 3-25 所示。

图 3-25　《BOM 集中放置》合并计算到《BOM 清单》步骤-2 之 1

（3）合并计算后的结果如图 3-26 所示。

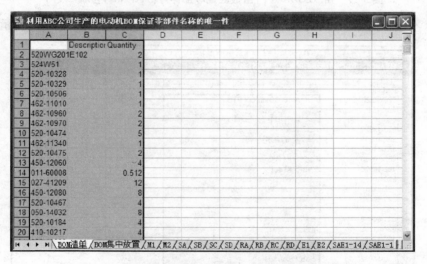

图 3-26　《BOM 集中放置》合并计算到《BOM 清单》步骤-2 之 2

　　"合并计算"的目的是使《BOM 清单》中的"Part No."既包含《BOM 集中放置》工作表中的所有内容，同时又保证没有一个"Part No."是重复的。

（4）删除 C 列内容，如图 3-27 所示，用 VLOOKUP（）函数将《BOM 集中放置》工作表中零部件名称（Description）依据零部件号（Part No.）自动全部匹配到工作表《BOM 清单》中。

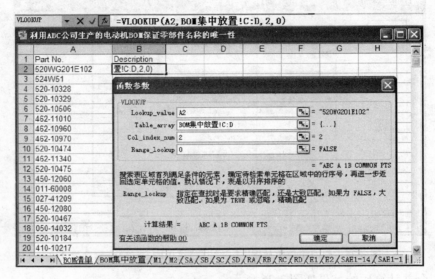

图 3-27　用 VLOOKUP（）函数匹配零部件号（Part No.）步骤-2 之 1

（5）不用任何输入，所有的零部件号都匹配上了相应的名称，如图 3-28 所示。

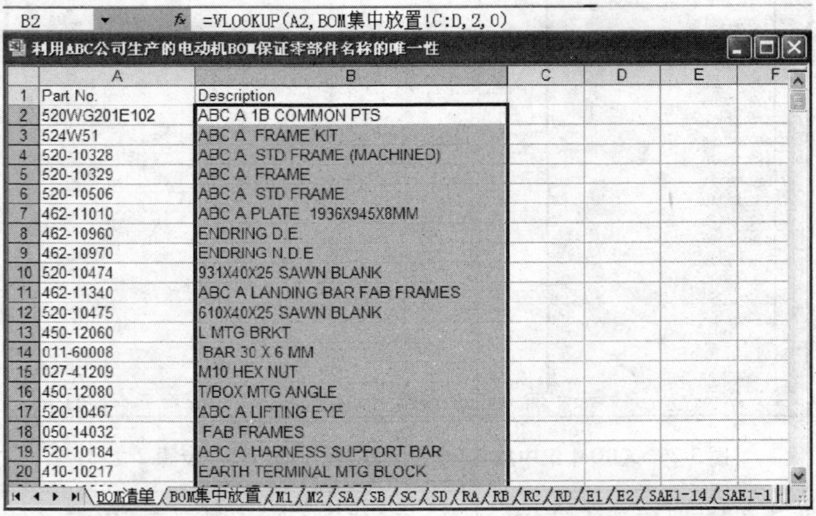

图 3-28　用 VLOOKUP（）函数匹配零部件号（Part No.）步骤-2 之 2

（6）用第 1 章介绍的《Translate Soft Of Excel（DIY）》软件中的宏"英译汉"将所有的英语翻译成汉语，如图 3-29 所示。

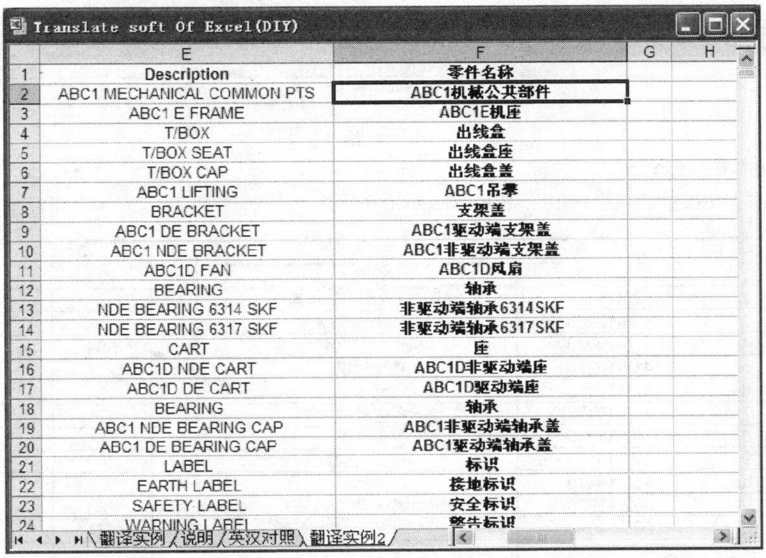

图 3-29　用《Translate Soft Of Excel（DIY）》软件将英语翻译成汉语

（7）将翻译好的汉语拷贝到工作表《BOM 清单》中，如图 3-30 所示。

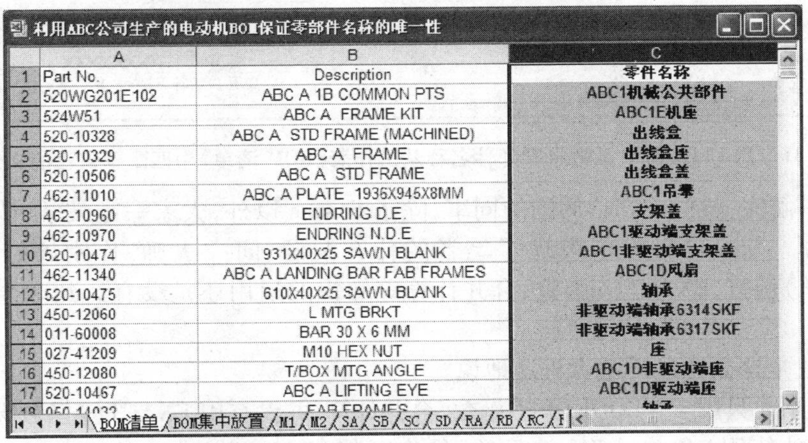

图 3-30　将翻译好的汉语拷贝到工作表《BOM 清单》中

（8）将工作表《BOM 清单》放置在公司共享文件夹中，如图 3-31 所示。以后所有在电脑上做的表格、单据、订单等，凡涉及零部件名称的地方，不必直接输入，只要输入零部件号(Part No.),就可以用 VLOOKUP 函数将零部件名称(Description)从工作表《BOM 清单》中自动匹配到自己的文件中。同时,这个方法还可以检查零部件号的输入是否正确。

C7 =VLOOKUP(B7,BOM清单!A:C,3,0)

利用ABC公司生产的电动机BOM保证零部件名称的唯一性

ABC发电机有限公司

采购订单

订单序号: XXXXXX　　交货期: 2011-8-22

供应商: xx钣金加工有限公司　　传真: XXXXXXXX　　电话: XXXXXXXX

序号	零件号	名称	单位	数量	备注
1	410-10221	标识	EA	271	
2	520-10181	ABC11驱动端轴承盖	EA	3	
3	450-12080	ABC1D非驱动端座	EA	1096	
4	450-12070	ABC11E机座	EA	554	
5	410-10220	接地标识	EA	271	
6	520-10153	标识	EA	3	
7	410-10173	警告标识	EA	271	
8	462-11840	警告标识	EA	3	
9	520-10458	ABC13吊攀	EA	180	
10	458-14470	接地标识	EA	88	
11	462-13930	非驱动端轴承6383SKF	EA	280	
12	005-04090	ABC10非驱动端轴承盖	EA	274	

备注: 1.送货单上请注明订单序号!!!
2.请在每一个零件上表明型号和规格!!!
3.质量标准按ABC发电机有限公司技术要求!!!

采购部经理签字:　　采购员签字:　　日期: 2011-8-21

地址: XX高新技术产业开发区XX路XX号　　邮编: XXXXXX
电话: XXXXXXXX　　传真: XXXXXXXX
税号: XXXXXXXXXXXXXX　　开户银行及帐号: XXXXXXXXX

出线箱窗板订单 / BOM清单

图 3-31　用 VLOOKUP 函数将零部件名称从工作表《BOM 清单》中匹配到自己的文件中

笔者讲解完上述方法时,周围的同事,除了 Susans 以外,大家一起鼓掌,认为这个方法太绝妙了。Susans 却好像发现了笔者的什么漏洞,问:"大师,你刚才好像说我对 VLOOKUP()函数、EXACT()函数、合并计算等知识的运用还是没有达到融会贯通的境界,对吧?"

"对,我是这么说过!"笔者肯定地说。

"可你刚才只用了 VLOOKUP()函数、合并计算,并没有用 EXACT()函数呀!"

"在此处使用'合并计算'的目的,是为了使《BOM 清单》中的'Part No.'既包含《BOM 集中放置》工作表中的所有内容,同时又保证没有一个'Part No.'是重复的,这样的《BOM 清单》篇幅最小。"笔者解释说。

"这与你没有用 EXACT()函数有什么关系呢?"Susans 追问。

"运用 EXACT( )函数,同样可以达到这个目的。"笔者解释说。

"又是一个'一题多解'。大师的'一题多解'最能够让人将 Excel 学到融会贯通的境界。大家继续鼓掌,让大师再教教我们!"原来 Susans 的"一路追问",是为了让笔者给他们再露一手。

没办法,笔者只好向他们介绍了运用 EXACT( )函数,使《BOM 清单》中的'Part No.'既包含《BOM 集中放置》工作表中的所有内容,同时又保证没有一个'Part No.'的方法。

(1)将《BOM 集中放置》工作表中的所有内容拷贝到一张新建工作表《BOM 清单 2》中,如图 3-32 所示,并只保留"Part No."和"Description"两列。

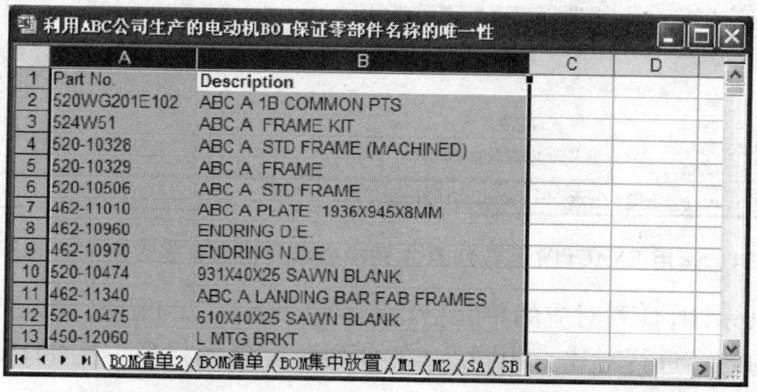

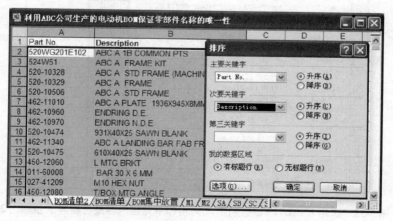

图 3-32 将《BOM 集中放置》工作表中的所有内容拷贝到《BOM 清单 2》中

(2)选择"数据"→"排序"命令,如图 3-33 所示,对"Part No."和"Description"两列进行排序(以"Part No."为主要关键字)。

图 3-33 对"Part No."和"Description"两列进行排序

(3)在 C2 单元格中插入 EXACT( )函数,如图 3-34 所示,对 A2 和 A3 单元格中的内容进行比较。

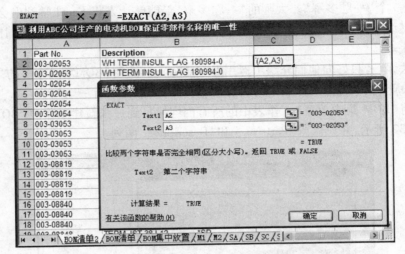

图 3-34　运用 EXACT( ) 函数判定 A 列相邻单元格内容是否相同-3 步骤之 1

（4）拖曳鼠标，则 C 列对应的单元格均被插入 EXACT( ) 函数，如图 3-35 所示，将 A 列相邻单元格的内容进行对比。相同地，在 C 列对应单元格反馈为"TRUE"；不同地，在 C 列对应单元格反馈为"FALSE"。

图 3-35　运用 EXACT( ) 函数判定 A 列相邻单元格内容是否相同-3 步骤之 2

（5）对 C 列单元格内容进行先"拷贝"，再"选择性粘贴"（"粘贴"选项中选"数值"），则 C 列的内容不再包含公式，如图 3-36 所示。

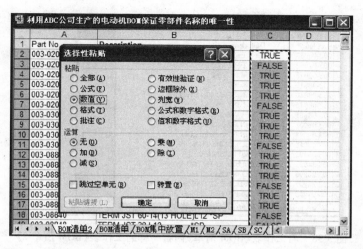

图 3-36   运用 EXACT( ) 函数判定 A 列相邻单元格内容是否相同-3 步骤之 3

（6）选择"数据"→"筛选"命令，如图 3-37 所示，将内容为"TRUE"的单元格进行"筛选"。

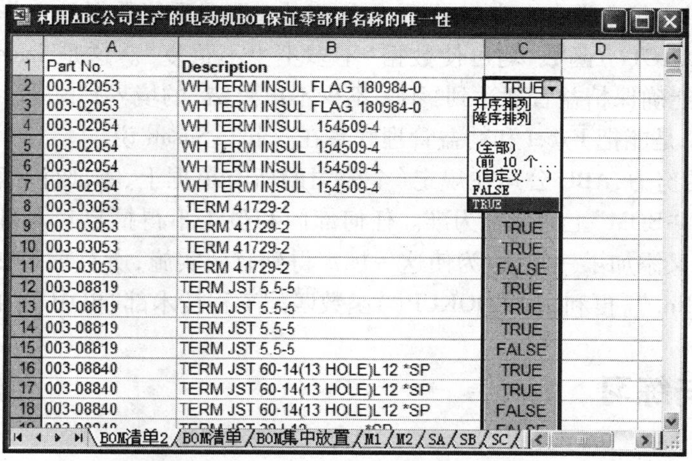

图 3-37   将内容为"TRUE"的单元格进行"筛选"

（7）将筛选得到的内容为"TRUE"的单元格所在行全部删去，如图 3-38 所示，删除 C 列，则得到一份与工作表《BOM 清单》所包含的内容一样的工作表《BOM 清单 2》（不过，《BOM 清单》没有按照"Part No."进行排序）。

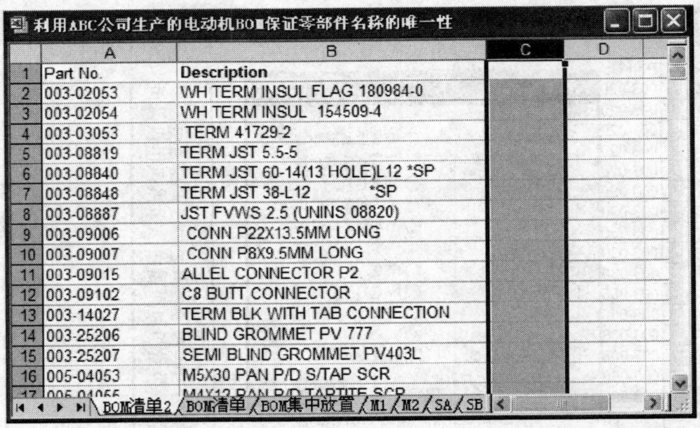

	A	B	C	D
1	Part No.	Description		
2	003-02053	WH TERM INSUL FLAG 180984-0		
3	003-02054	WH TERM INSUL 154509-4		
4	003-03053	TERM 41729-2		
5	003-08819	TERM JST 5.5-5		
6	003-08840	TERM JST 60-14(13 HOLE)L12 *SP		
7	003-08848	TERM JST 38-L12 *SP		
8	003-08887	JST FVWS 2.5 (UNINS 08820)		
9	003-09006	CONN P22X13.5MM LONG		
10	003-09007	CONN P8X9.5MM LONG		
11	003-09015	ALLEL CONNECTOR P2		
12	003-09102	C8 BUTT CONNECTOR		
13	003-14027	TERM BLK WITH TAB CONNECTION		
14	003-25206	BLIND GROMMET PV 777		
15	003-25207	SEMI BLIND GROMMET PV403L		
16	005-04053	M5X30 PAN P/D S/TAP SCR		
17	005-04055	M4X12 PAN P/D TARTITE SCR		

图 3-38　与工作表《BOM 清单》内容一样的工作表《BOM 清单 2》

介绍完“让《BOM 清单》中的‘Part No.’既包含《BOM 集中放置》工作表中的所有内容,同时又保证没有一个‘Part No.’重复”的操作方法,同事们意犹未尽,想让笔者再说点什么。

笔者便说了一句自觉有点高度的话:“当遇到一份有重复数据的工作表时,利用‘合并计算’或者 EXACT( )函数,均可使数据‘不多不少不重复’。这是 Excel 的手段,多运用这些手段,就能确保精益管理达到‘不多不少不出差错’的境界!”

“大师,你总是能把 Excel 和精益管理联系在一起!”Susan 说。

由于笔者的努力,ABC 公司在规定(全公司的所有单据上,零部件名称的电脑输入,均以工程技术部“BOM”上的名称为准。任何部门和员工不得擅自对零部件的名称进行改变或缩写)上又添加了一句话:为使这一规定得到有效实施,所有部门在电脑单据上应当先输入“Part No.”,再利用 VLOOKUP( )函数匹配工程技术部“BOM”上的零部件名称。

3.4　习题与练习

1. 概念题。

(1) 简述“盘点”的定义、“盘点”要达到的目的、“盘点”的主要内容。

(2) 结合实际,列举同样的零部件如果没有统一的名称,会给精益生产带来哪些负面影响。

2. 操作题。

(1) 结合实际,将 VLOOKUP( )和 EXACT( )函数联合使用,将“盘点账”和“账面账”进行比较。

（2）结合实际，将 VLOOKUP( )函数和 IF( )函数组合使用，将"盘点账"和"账面账"进行比较。

（3）结合实际，练习使用 Excel"合并计算"功能。

（4）利用 VLOOKUP( )函数的"匹配"功能，使本部门使用的零部件名称始终和工程技术部"BOM"上的零部件名称保持一致。

3．扩展阅读。

阅读与"盘点"相关的专业书籍。

第4章

精益质量篇

本 章 要 点

☞ 热点问题聚焦

1. 精益质量管理的手法有哪些?

2. 如何用 Excel 作排列图,让自己的统计分析既有明确数据,又有漂亮图形;既有理性分析,又有感性认识?

3. 如何用 Excel 作控制图,让生产现场的质量问题消灭在萌芽状态?

4. 如何用 Excel 作直方图和正态分布图,让生产过程中的质量散布的情形、问题点所在、过程、能力等,呈现在眼前,并利用这些信息来掌握问题点以采取对策?

5. 如何全方位评价供应商所取得的综合"质量"水平,让不同类型的供应商有一个共同的评价标准,使他们知道自己的长处,也了解自己的短处,从而扬长避短,迅速成长?

☞ 精益管理透视

品管新旧七大手法、排列图、控制图、直方图、正态分布图、SPC、Ca、Cp、Cpk、打分评价法等。

☞ Excel 原理剖析

图表功能、数据分析功能、IF( )函数、COUNT( )函数、MAX( )函数、MIN( )函数、VLOOKUP( )函数、AVERAGE( )函数、OFFSET( )函数、CHECK( )用户定义函数、SUM( )函数、STDEV( )函数、ROUND( )函数、ROUNDUP( )函数、FREQUENCY( )函数、

NORMDIST( )函数、TREND( )函数等。

☞ 研读目的举要

1. 对精益质量管理的手法有所了解,对排列图、控制图、直方图的使用驾轻就熟,分析处理具体质量问题的能力大幅度提高。

2. 掌握全方位评价供应商各个方面能力和水平的方法,促进供应商全面成长。充分认识到提高质量的方法和手段,是精益生产的有效保证。

☞ 经典妙联归纳

七手法量化分析具体问题
评分表定性评价总体表现

4.1　精益质量管理的手法

产品质量是企业的生命。在市场经济条件下,企业加强质量管理,重视产品质量已经成为必然的趋势。

质量管理大致经历三个阶段:质量检验阶段、统计质量控制阶段、全面质量管理阶段。

人类的生产过程是从粗放逐渐精益的过程,质量管理也是这样。在此过程中,逐渐产生了一些通常的质量控制(Quality Control,简称QC)新旧七种工具,也称品管新旧七大手法。这七种手法是常用的管理方法。其中,QC旧的七大工具包括直方图、排列图、散点图、分层法、控制图、因果图、检查表。QC新的七大工具包括系统图法、矩阵图法、关连图法、亲和图法、PDPC法、箭头图法、矩阵数据解析法。

一些更高质量要求的行业,比如汽车行业,大多使用六种核心质量工具,它们是产品质量先期策划(APQP)、控制计划(CP)、测量系统分析(MSA)、统计过程控制(SPC)、生产件的批准程序(PPAP)和潜在失效模式与后果分析(FMEA)。

目前,介绍质量手法的书不少,但怎样用简单的办法(不需要花钱买软件)将这些工具表达运用出来,却为数不多。

质量管理是一门艺术,Excel和质量管理有着天然的联系。

在Excel中制作出美丽的质量管理常用工具图,在图形中参透管理的玄机。一张好的图表,胜过千言万语。用数据说话,才有说服力。有数据分析,才能制定有针对性的措施。

下面就以排列图、直方图、统计过程控制（SPC）等为例，抛砖引玉，介绍几个故事。重点介绍怎样用 Excel 的办法，将一些质量工具表达运用出来。

4.2 【绝妙实例 9】用 Excel 作排列图

有一次，给 ABC 公司提供电机轴的供应商出了质量问题。质量部新来的经理是位外国人，名叫 Rolland。Rolland 让负责供应商质量提高的工程师 Rachel 去调查此事。Rachel 到供应商处蹲点，并按照经理的要求，提供了一份问题调查表（如表 4-1）。

Rachel 从 Rolland 办公室回来，灰头土脸。

笔者问 Rachel：“怎么回事？”

Rachel 说：“新来的这个经理说我很不专业。让我下班前做一个‘排列图’给他。以前质量经理只要求数据，现在这个新经理既要数据，又要图形，图形还要用电脑制作的，我又不会做，又不好意思让他教。”

排列图法，又称主次因素分析法、帕累托（Pareto）图法，它是找出影响产品质量主要因素的一种简单而有效的图表方法。

1897 年，意大利经济学家柏拉图分析社会经济结构，发现 80% 的财富掌握在 20% 的人手里，后被称为“柏拉图法则”。1930 年，美国品管泰斗朱兰博士将劳伦兹曲线应用到品质管理上。20 世纪 60 年代，日本品管大师石川馨在推行自己发明的 QCC 品管圈时使用了排列图法，从而成为“品管七大手法”之一。

表 4-1 供应商电机轴质量问题统计表

序号	原因	不良品数
1	轴颈刀痕	178
2	裂纹	30
3	轴颈小	22
4	弯曲	5

表 4-2 供应商电机轴质量问题统计完善表

序号	原因	不良品数	百分数%	累计百分数%
1	轴颈刀痕	178	75.74	75.74
2	裂纹	30	12.77	88.51
3	轴颈小	22	9.36	97.87
4	弯曲	5	2.13	100.00

但好多人不知道怎样用电脑画出来。

笔者让 Rachel 将表 4-1 加以完善，变成表 4-2。然后教他用 Excel 作排列图。

下面是用 Excel 作排列图的步骤：

（1）选中表 4-2 中“原因”、“不良品数”、“累计百分数%”的相关单元格，如图 4-1 所示。

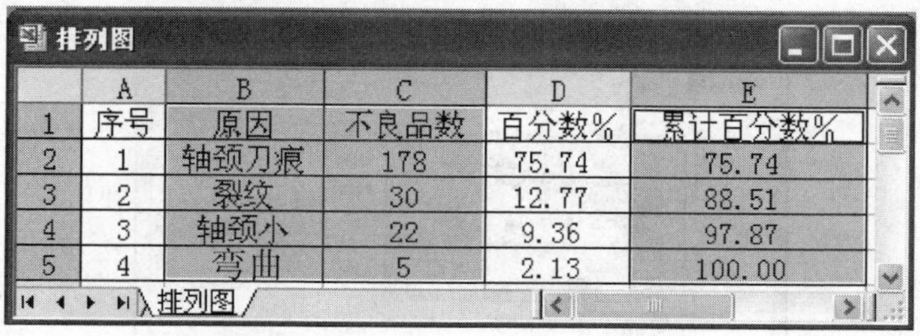

	A	B	C	D	E
1	序号	原因	不良品数	百分数%	累计百分数%
2	1	轴颈刀痕	178	75.74	75.74
3	2	裂纹	30	12.77	88.51
4	3	轴颈小	22	9.36	97.87
5	4	弯曲	5	2.13	100.00

图 4-1　排列图制作-12 步骤之 1

（2）选择"插入"→"图表"→"自定义类型"→"两轴线-柱图"命令，如图 4-2 所示，单击"下一步"按钮。

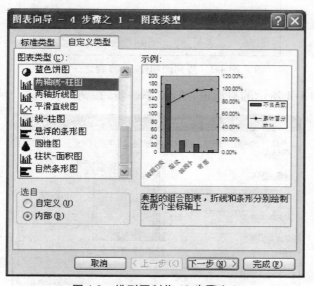

图 4-2　排列图制作-12 步骤之 2

（3）不改变"源数据"的选择："排列图！＄B＄1：＄C＄5，排列图！＄E＄1：＄E＄5"，如图 4-3 所示，单击"下一步"按钮。

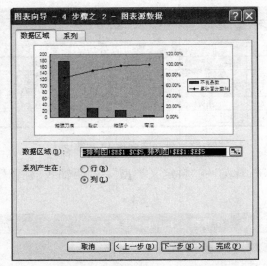

图 4-3　排列图制作-12 步骤之 3

（4）弹出如图 4-4 所示的对话框，单击"下一步"按钮。

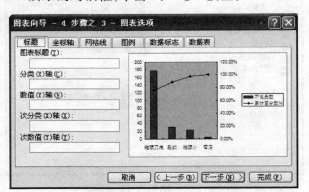

图 4-4　排列图制作-12 步骤之 4

（5）弹出如图 4-5 所示的对话框，单击"完成"按钮。

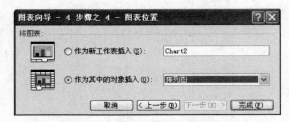

图 4-5　排列图制作-12 步骤之 5

（6）选中"累计百分数%"之"柱形图"，单击鼠标右键，选择"数据系列格式"，如图 4-6 所示。

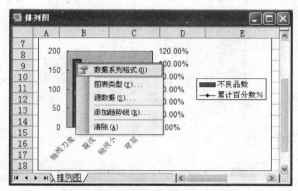

图 4-6 排列图制作-12 步骤之 6

（7）在"数据系列格式"对话框中将"选项"选项卡中的"分类间距"由"150"修改为"0"；选中"依数据点分色"复选框，如图 4-7 所示，单击"确定"按钮。

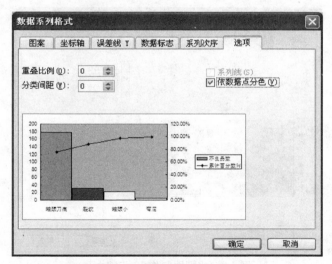

图 4-7　排列图制作-12 步骤之 7

（8）选中"累计百分数%"之"折线图"，单击鼠标右键，选择"数据系列格式"，如图 4-8 所示。

105

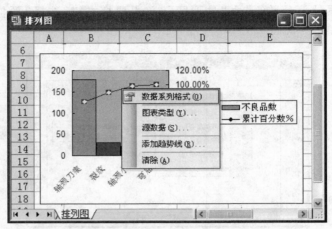

图 4-8　排列图制作-12 步骤之 8

（9）在"数据系列格式"对话框的"选项"选项卡中，将"依数据点分色"复选框选中，如图 4-9 所示，单击"确定"按钮。

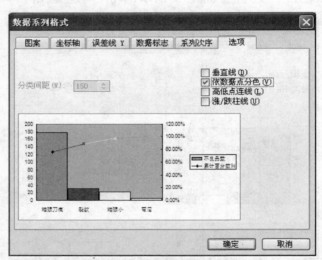

图 4-9　排列图制作-12 步骤之 9

（10）一张漂亮的排列图就出现了，如图 4-10 所示。

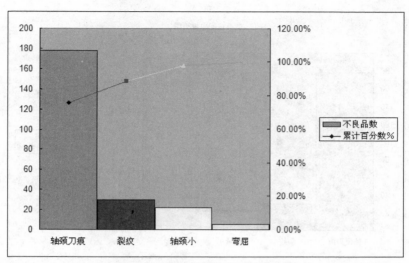

图 4-10　排列图制作-12 步骤之 10

（11）选中图表,单击鼠标右键,选择"图表选项",可对图表的"标题"、"坐标轴"、"网格线"、"图例"、"数据标志"、"数据表"等众多选项,根据个人需要作选择(如图 4-11)。

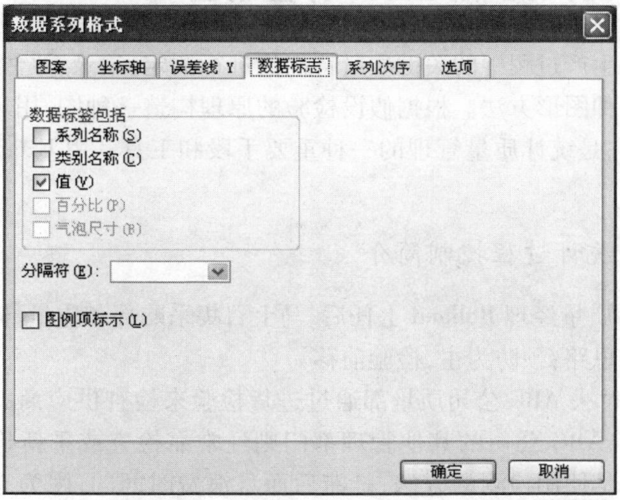

图 4-11　排列图制作-12 步骤之 11

Rachel 拿着如图 4-12 所示的"电机轴问题排列图"再次走进 Rolland 的办公室,半小时后回来,满面春风! 笔者故意问 Rachel:"怎么样?"

Rachel 学着 Rolland 的腔调说:"Both professional and beautiful! Rachel, you are so good!"

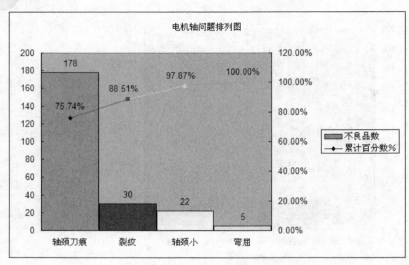

图 4-12　排列图制作-12 步骤之 12

4.3　【绝妙实例10】用 Excel 作控制图

控制图就是对生产过程中的关键质量特性值进行测定、记录、评估,并监测过程是否处于控制状态的一种图形方法。根据假设检验的原理构造一种图,用于监测生产过程是否处于控制状态,它是统计质量管理的一种重要手段和工具。用 Excel 作控制图,快速、准确,易于推广。

4.3.1　SPC 统计过程控制简介

ABC 公司新的质量经理 Rolland 上任后,马上召集采购部和质量部的人员开会,推行新的精益质量管理思路:预防为主,检验前移。

Rolland 认为,过去 ABC 公司质量部通过进货检验来检查供应商的最终产品并剔除不符合规范的产品,ABC 公司的其他管理部门则经常靠检查或重新检查工作来找出错误。这两种情况都是使用检测的方法,是滞后而且浪费时间的,因为它允许将时间和材料投入到生产不一定有用的产品或服务中。

Rolland 则提倡一种在工作中第一步就可以避免生产无用的输出,从而避免浪费的更有效的方法——预防。怎样才能让供应商一次就把工作做好呢?光凭喊口号不行,得有办法和措施。那就要依靠统计过程控制(Statistical Process Control,简称 SPC)。

SPC 是应用统计技术对过程中的各个阶段进行评估和监控,建立并保持过程处于可接受的且稳定的水平,从而保证产品与服务符合规定的要求的一种质量管理技术。它是过程控制的一部分,从内容上说主要有两个方面:一是利用控制图分析过程的稳定性,对过程存在的异常因素进行预警;二是计算过程能力指数,分析过程能力满足技术要求的程度,对过程质量进行评价。

控制图是画有控制界限的一种图,如图 4-13 所示。

利用它可以跟踪显示工序质量随时间推移的变化动态,一旦出现异常变化,就会预先发出警报。控制图按质量数据特点,可分为计数值控制图和计量值控制图两大类。计数值控制图可分为 Pn 控制图(控制不合格品数)、P 控制图(控制不合格品率)、C 控制图(控制缺陷数)、U 控制图(控制单位缺陷数)等;计量值控制图可分为 X-bar 控制图(控制平均值)、R-bar 控制图(通过控制极差来监控分散度)等。按 x 的取值,又可将计量值控制图细分为:平均值—极差控制图、中位数—极差控制图和单值移动—极差控制图。

过程能力指数(Cp)是表达工序过程能力满足产品质量标准的程度的评价指标,用代表质量公差的 T 与加工精度的 B 的比值计算,$Cp = T/B = T/6\sigma = T/6S$($\sigma$ 是母体的标准差,也可用样本的标准差计算)。当质量中心与公差中心发生偏移时,计算 Cp 时需要修正,用 Cpk 表示。

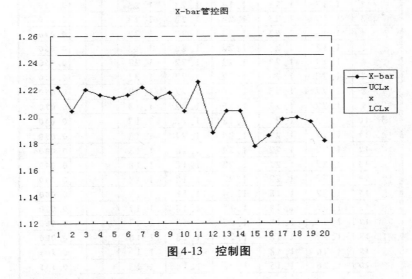

图 4-13　控制图

4.3.2　SPC 控制图的制作

ABC 公司的检验员近来发现一种关键零件的关键尺寸虽然在公差范围内,但给人感觉不太"齐整",波动性大了些。

新来的质量经理 Rolland 为了执行"预防为主,检验前移"的精益管理新思路,特意派出笔者和 Rachel 到供应商处蹲点,结合 SPC 的推广应用,做一个分析报告。

经过深思熟虑,分 5 个步骤,笔者和 Rachel 弄出了一个 ABC 公司沿用至今的 SPC 数据计算分析方案。

1. 原始数据填写,计算极差

将现场收集到的原始数据填写在 Excel 表中,如图 4-14 所示,计算出极差 R-bar。本例中,每个子样本含 5 个产品($X_1 \sim X_5$),以第一个子样本的极差 R-bar 为例,其计算公式为"=IF(COUNT(B4:I4)=0,"",MAX(B4:I4)－MIN(B4:I4))",其含义是:如果单元格"B4:I4"内都是空的,那么极差 R-bar 也为空;否则,极差 R-bar 等于单元格"B4:I4"中的最大值减去最小值。

J4 　　　▼　　　 f_x　　 =IF(COUNT(B4:I4)=0,"",MAX(B4:I4)-MIN(B4:I4))

Xn	X_1	X_2	X_3	X_4	X_5	X_6	X_7	X_8	R-bar
步骤一：原始数据填写，计算出极差R-bar									
1	1.14	1.26	1.22	1.25	1.24				0.120
2	1.17	1.25	1.14	1.23	1.23				0.110
3	1.17	1.23	1.24	1.23	1.23				0.070
4	1.17	1.23	1.24	1.22	1.22				0.070
5	1.18	1.23	1.22	1.22	1.22				0.050
6	1.18	1.23	1.23	1.22	1.22				0.050
7	1.22	1.23	1.22	1.22	1.22				0.010
8	1.22	1.23	1.18	1.22	1.22				0.050
9	1.22	1.22	1.25	1.22	1.18				0.070
10	1.22	1.22	1.22	1.22	1.18				0.040
11	1.22	1.22	1.22	1.27	1.18				0.090
12	1.22	1.22	1.14	1.18	1.18				0.080
13	1.22	1.22	1.22	1.18	1.18				0.040
14	1.22	1.22	1.22	1.18	1.18				0.040
15	1.22	1.18	1.14	1.18	1.17				0.080
16	1.22	1.18	1.18	1.18	1.17				0.050
17	1.23	1.18	1.23	1.18	1.17				0.060
18	1.24	1.18	1.24	1.18	1.16				0.080
19	1.26	1.18	1.22	1.17	1.16				0.105
20	1.26	1.15	1.22	1.16	1.13				0.135

sheet1 / sheet2

图 4-14　SPC 控制图:原始数据填写,计算极差 R-bar

2. 控制图计算系数选取

控制图在计算过程中有一些系数,需要根据每个子样本包含的产品数 N 来选择几个固定的计算系数。如图 4-15 所示,本例中,每个子样本包含的产品数 N = 5,则计算系数 A2 = 0.577,D3 = 0,D4 = 2.115,D2 = 2.326。

M12	fx	=VLOOKUP(COUNT($B$4:$I$4),$L$3:$M$10,2)		
	L	M	N	O	P

	L	M	N	O	P
1					
2		**步骤二：控制图计算系数选取**			
3	2	1.880	0.000	3.267	1.128
4	3	1.023	0.000	2.575	1.693
5	4	0.729	0.000	2.282	2.059
6	5	0.577	0.000	2.115	2.326
7	6	0.483	0.000	2.004	2.534
8	7	0.419	0.076	1.924	2.704
9	8	0.373	0.136	1.864	2.847
10	9	0.337	0.184	1.816	2.970
11	N	A2	D3	D4	D2
12	本例	0.577	0	2.115	2.326

图 4-15　SPC 控制图:控制图计算数据选取

本例中,是采用函数自动选取的。

单元格 M12 选择系数 A2,其计算公式为

= VLOOKUP(COUNT($ B $ 4 : $ I $ 4), $ L $ 3 : $ M $ 10,2)

单元格 N12 选择系数 D3,其计算公式为

= VLOOKUP(COUNT($ B $ 4 : $ I $ 4), $ L $ 3 : $ N $ 10,3)

单元格 O12 选择系数 D4,其计算公式为

= VLOOKUP(COUNT($ B $ 4 : $ I $ 4), $ L $ 3 : $ O $ 10,4)

单元格 P12 选择系数 D2,其计算公式为

= VLOOKUP(COUNT($ B $ 4 : $ I $ 4), $ L $ 3 : $ P $ 10,5)

3. 工序能力参数计算

如图 4-16 所示,序号 1 ~3,规格上限、规格中心、规格下线是产品图纸给定的;其他项目的计算公式,涉及求平均值函数 AVERAGE( )、求标准差函数 STDEVA( )、最小值函数 MIN( )等(其中,样本平均值的平均值,一般用 $\overline{\overline{X}}$ 表示,这里简单起见,用 x 代替;极差平均值一般用 $\overline{R}$ 表示,这里简单起见,用 R 代替)。

spc控制图

	L	M	N	O	P
13			步骤三：制程能力参数计算		
14	序号	名称	符号与公式	EXCEL计算公式	值
15	1	规格上限	USL	产品图纸给定	1.28
16	2	规格中心	SL	产品图纸给定	1.20
17	3	规格下限	LSL	产品图纸给定	1.12
18	4	规格公差	$T=USL-LSL$	P15-P17	0.16
19	5	样本平均值的平均值	x	AVERAGE(B4:I28)	1.21
20	6	极差平均值	R	AVERAGE(J4:J28)	0.07
21	7	x图上控制限	$UCLx=x+A2*R$	P19+M12*P20	1.25
22	8	x图下控制限	$LCLx=x-A2*R$	P19-M12*P20	1.17
23	9	R图上控制限	$UCL_x=D4*R$	D12*R	0.15
24	10	R图下控制限	$LCL_x=D3*R$	N12*P20	0.00
25	11	标准差	σ	STDEVA(B4:I28)	0.03
26	12	制程偏移度(Ca)	$(x-SL)/(T/2)$	(P19-P16)/(P18/2)	0.07
27	13	制程能力(Cp)	$T/(6*(R/D2))$	P18/(6*(P20/P12))	0.89
28	14	综合能力指数(Cpk)	$MIN((USL-x)/(3*R/D2),(x-LSL)/(3*R/D2))$	MIN((P15-P19)/(3*P20/P12),(P19-P17)/(3*P20/P12))	0.82

图 4-16　SPC 控制图：工序能力参数计算

4. 图表数据准备

将 X-bar 控制图（控制平均值）、R-bar 控制图所需数据集中准备在一起（如图 4-17）。

R4 　　　 f_x =IF(COUNT(B4:I4)=0,"",AVERAGE(B4:I4))

spc控制图

	R	S	T	U	V	W	X	Y
2			步骤四：图表数据准备					
3	X-bar	UCLx	x	LCLx	R-bar	UCL_x	R	LCL_x
4	1.22	1.25	1.21	1.17	0.12	0.15	0.07	0.00
5	1.20	1.25	1.21	1.17	0.11	0.15	0.07	0.00
6	1.22	1.25	1.21	1.17	0.07	0.15	0.07	0.00
7	1.21	1.25	1.21	1.17	0.07	0.15	0.07	0.00
8	1.21	1.25	1.21	1.17	0.05	0.15	0.07	0.00
9	1.22	1.25	1.21	1.17	0.05	0.15	0.07	0.00
10	1.22	1.25	1.21	1.17	0.01	0.15	0.07	0.00
11	1.21	1.25	1.21	1.17	0.05	0.15	0.07	0.00
12	1.22	1.25	1.21	1.17	0.07	0.15	0.07	0.00
13	1.20	1.25	1.21	1.17	0.04	0.15	0.07	0.00
14	1.23	1.25	1.21	1.17	0.09	0.15	0.07	0.00
15	1.19	1.25	1.21	1.17	0.08	0.15	0.07	0.00
16	1.20	1.25	1.21	1.17	0.04	0.15	0.07	0.00
17	1.20	1.25	1.21	1.17	0.04	0.15	0.07	0.00
18	1.18	1.25	1.21	1.17	0.08	0.15	0.07	0.00
19	1.19	1.25	1.21	1.17	0.05	0.15	0.07	0.00
20	1.20	1.25	1.21	1.17	0.06	0.15	0.07	0.00
21	1.20	1.25	1.21	1.17	0.08	0.15	0.07	0.00
22	1.20	1.25	1.21	1.17	0.11	0.15	0.07	0.00
23	1.18	1.25	1.21	1.17	0.14	0.15	0.07	0.00

图 4-17　SPC 控制图：图表数据准备

以各项数据的第一个值为例(其他同列单元格拖曳此公式即可),它们的计算公式分别为:

X-bar 的计算公式:单元格 R4 = IF(COUNT(B4:I4) = 0,″″,AVERAGE(B4:I4))。

UCLx 的计算公式:单元格 S4 = IF(COUNT(B4:I4) = 0,″″,P＄21)。

x 的计算公式:单元格 T4 = IF(COUNT(B4:I4) = 0,″″,P＄19)。

LCLx 的计算公式:单元格 U4 = IF(COUNT(B4:I4) = 0,″″,P＄22)。

R-bar 的计算公式:单元格 V4 = J4。

UCLR 的计算公式:单元格 W4 = IF(COUNT(B4:I4) = 0,″″,P＄23)。

R 的计算公式:单元格 X4 = IF(COUNT(B4:I4) = 0,″″,P＄20)。

LCLR 的计算公式:单元格 Y4 = IF(COUNT(B4:I4) = 0,″″,P＄24)。

5. SPC 图表绘制

SPC 图表绘制步骤如下:

(1) 选择"插入"→"图表"→"折线图"命令,如图 4-18 所示,单击"下一步"按钮。

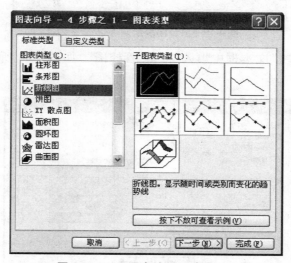

图 4-18　SPC 图表绘制-6 步骤之 1

(2)"数据区域"选择" = sheet1!＄R＄3:＄U＄23",如图 4-19 所示,单击"下一步"按钮。

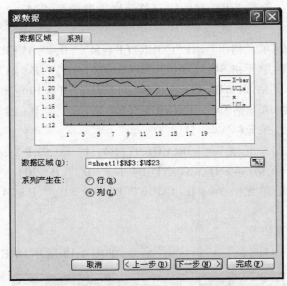

图 4-19　SPC 图表绘制-6 步骤之 2

（3）在"图表标题"文本框中填入"x-bar 管控图"，如图 4-20 所示，单击"下一步"按钮。

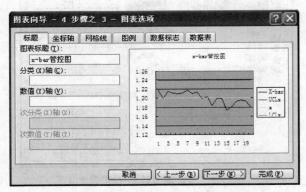

图 4-20　SPC 图表绘制-6 步骤之 3

（4）选择图表被插入的位置，如图 4-21 所示，单击"完成"按钮。

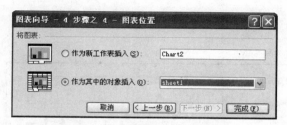

图 4-21　SPC 图表绘制-6 步骤之 4

（5）选择"x-bar"曲线，单击鼠标右键，选择"图表类型"，如图 4-22 所示。

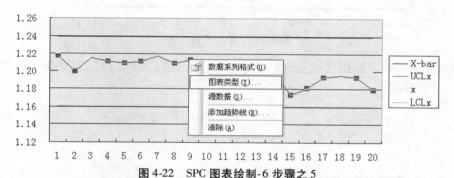

图 4-22　SPC 图表绘制-6 步骤之 5

（6）选择带点折线，如图 4-23 所示，单击"确定"按钮。

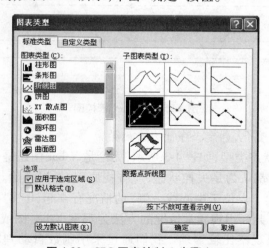

图 4-23　SPC 图表绘制 6-步骤之 6

（7）得到如图 4-24 所示的"X-bar 管控图"。

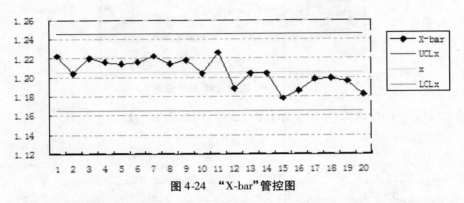

图 4-24　"X-bar"管控图

（8）方法同前，"数据区域"选择"＝sheet1！$V$3：$Y$23"，得到如图 4-25 所示的"R-bar"管控图。

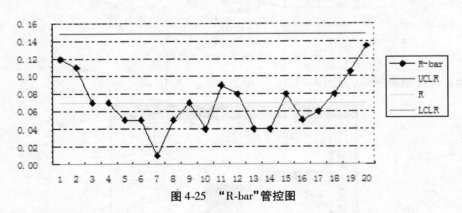

图 4-25　"R-bar"管控图

6. 依据图形"点"变化，判定工序能力有无异常

SPC 控制图失控状态类型，如表 4-3 所示，无论是 X-bar 图还是 R-bar 图，表中所列八种情况只要出现一种，都认为是失控状态，应查找原因，予以消除。本例中，出现异常情况的是：X-bar 图"连续 7 点位于中心线一侧"的情况有 4 起，R 图"连续 7 点位于中心线一侧"的情况有 3 起。判断出现异常情况的方法为观察 X-bar 图或 R-bar 图中图形"点"的变化，但此法用肉眼观察比较繁琐。我们通过采用函数自动判断，就比较方便准确。我们运用了两个函数进行套用，一个函数是 OFFSET（）函数，另外一个自定义函数，笔者将其命名为 CHECK（）。

表 4-3　SPC 控制图异常情况类型表

1	一个点远离中心线超过 3 个标准差
2	连续 7 点位于中心线一侧
3	连续 6 点上升或下降
4	连续 14 点交替上下变化
5	连续 3 点中有 2 点落在中心线的距离超过 2 个标准差(同一侧)
6	连续 5 点中有 4 点落在中心线的距离超过 1 个标准差(同一侧)
7	连续 15 点排列在中心线 1 个标准差范围内(任一侧)
8	连续 8 点距中心线的距离大于 1 个标准差(任一侧)

（1）OFFSET( )函数。

① OFFSET( )函数的作用：以指定的引用(一个单元格或单元格区域)为参照系,通过给定偏移量得到新的引用(一个单元格或单元格区域)。

② 语法：OFFSET(reference,rows,cols,height,width)。

● reference　作为偏移量参照系的引用区域,reference 必须为对单元格或相连单元格区域的引用;否则,函数 OFFSET( )返回错误值#VALUE!。

● rows　相对于偏移量参照系的左上角单元格,上(下)偏移的行数。如果使用 5 作为参数 rows,则说明目标引用区域的左上角单元格比 reference 低 5 行。行数可为正数(代表在起始引用的下方)或负数(代表在起始引用的上方)。

● cols　相对于偏移量参照系的左上角单元格,左(右)偏移的列数。如果使用 5 作为参数 cols,则说明目标引用区域的左上角的单元格比 reference 靠右 5 列。列数可为正数(代表在起始引用的右边)或负数(代表在起始引用的左边)。

● height　高度,即所要返回的引用区域的行数。height 必须为正数。

● width　宽度,即所要返回的引用区域的列数。width 必须为正数。

（2）CHECK( )自定义函数。

① CHECK( )自定义函数的作用是：分析指定引用区域内的数据,与给定的 UCL、LCL 相比较,返回所列八种情况出现异常的次数。

② 语法：CHECK(By Valrag Target As Range,UCL As Single,LCL As Single,Rule Num As Range)。

例如,B57 单元 = CHECK(OFFSET($ R $ 4,0,0,COUNT($ R $ 4：$ R $ 28),1),$ P$ 21,$ P $ 22,A57)。

● By Valrag Target AsRange 为指定引用区域" = OFFSET($R $ 4,0,0,COUNT($ R $ 4：$ R $ 28),1) ",本例为 $R $ 4：$ R $ 23(即：单元格 $ R $ 4,向下移动 0 行;向右移动

0 行；＄R＄4：＄R＄28 范围内有多少个数，就包含多少行。＄R＄4：＄R＄23 有 20 个数，20 行；1 列）。

● UCL As Single ＝ ＄P＄21，就是 x 图上控制限（UCLx ＝ x ＋ A2 × R ＝ 1. 2391）。

● LCL As Single ＝ LCL ＄P＄22，就是 x 图下控制限（LCLx ＝ x － A2 × R ＝ 1. 1607）。

● Rule Num As Range ＝ A57 ＝ 2，指的是 X-bar 图或 R 图，八种异常情况中的第二种"连续 7 点位于中心线一侧"。

如图 4-26 所示，B57 单元格 ＝ CHECK（OFFSET（＄R＄4,0,0,COUNT（＄R＄4：＄R＄28），1），＄P＄21，＄P＄22，A57）＝ 4，就是说：在单元格区域 ＄R＄4：＄R＄23 内的数与 x 图上控制限值 1. 2391、x 图下控制限值 1. 1607 比较，"连续 7 个数大于或小于它们中间值 ＝ 样本平均值的平均值 ＝ x"的个数有 4 个。

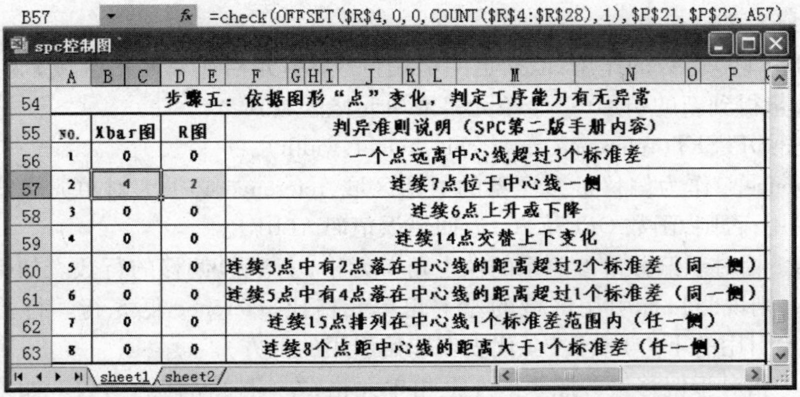

| | B57 | | | | f_x =check(OFFSET($R$4, 0, 0, COUNT($R$4:$R$28), 1), $P$21, $P$22, A57) | | | | | | |

spc控制图

	A	B	C	D	E	F	G	H	I	J	K	L	M	N	O	P
54						步骤五：依据图形"点"变化，判定工序能力有无异常										
55	No.	Xbar图		R图		判异准则说明（SPC第二版手册内容）										
56	1	0		0		一个点远离中心线超过3个标准差										
57	2	4		2		连续7点位于中心线一侧										
58	3	0		0		连续6点上升或下降										
59	4	0		0		连续14点交替上下变化										
60	5	0		0		连续3点中有2点落在中心线的距离超过2个标准差（同一侧）										
61	6	0		0		连续5点中有4点落在中心线的距离超过1个标准差（同一侧）										
62	7	0		0		连续15点排列在中心线1个标准差范围内（任一侧）										
63	8	0		0		连续8个点距中心线的距离大于1个标准差（任一侧）										

sheet1 sheet2

图 4-26　运用自定义函数 CHECK（ ）套用 OFFSET（ ）、COUNT（ ）函数判定控制图有无异常

D57 ＝ CHECK（OFFSET（＄V＄4,0,0,COUNT（＄V＄4：＄V＄28），1），＄P＄23，＄P＄24，A57）＝ 2，读者可以自己研读。

自定义函数 Check（reference，max，min，No）的代码如下：

Function Check（ByVal rag Target As Range，UCL As Single，LCL As Single，RuleNum As Range）As Single

  Dim rc As Range

  Dim ass（ ）As Single

  Dim ii As Integer

  Dim Temp As Single

  ReDim ass（35）

  ii ＝ 1

  For Each rc In ragTarget

```
            ass(ii) = rc
            ii = ii + 1
            If ii > 35 Then Exit For
        Next rc
        ReDim Preserve ass(ii - 1)
        Check = Gid(ass, UCL, LCL, RuleNum)
End Function
Private Function Gid(vass As Variant, UCL As Single, LCL As Single, RuleNum As Va-
riant) As Integer
        Dim i, j, k As Integer
        Dim iLength As Integer
        Dim iExist As Integer
        Dim iReturn As Integer
        Dim CL As Single
        Dim Sigma As Single
        Dim iUCount As Integer
        Dim iLCount As Integer
        Dim Rule1, Rule2, Rule3, Rule4, Rule5, Rule6, Rule7, Rule8 As Integer
'为了避免重复判断规则,导入变量判断。计算过一次就退出判断。
        CL = (UCL + LCL) / 2
        Sigma = (UCL - LCL) / 6
        iLength = UBound(vass)
        iReturn = 0
        j = iLength
        '1  一个点远离中心线超过3个标准差。
        For k = 1 To j
        If vass(k) > UCL Or vass(k) < LCL Then
                Rule1 = Rule1 + 1
        End If
        Next k
        '2  连续7点位于中心线一侧。
        For k = 7 To j
        iUCount = 0
        iLCount = 0
```

```
For i = 0 To 6
    If vass( k − i ) > CL Then
        iUCount = iUCount + 1
    ElseIf vass( k − i ) < CL Then
        iLCount = iLCount + 1
    End If
Next i
If iUCount = 7 Or iLCount = 7 Then
    Rule2 = Rule2 + 1
End If
Next k
'3  连续 6 点上升或下降。
For k = 6 To j
iUCount = 0
iLCount = 0
    For i = 0 To 4
        If vass( k − i ) > vass( k − i − 1 ) Then
            iUCount = iUCount + 1
            iLCount = 0
        ElseIf vass( k − i ) < vass( k − i − 1 ) Then
            iLCount = iLCount + 1
            iUCount = 0
        End If
    Next i
    If iUCount = 5 Or iLCount = 5 Then
        Rule3 = Rule3 + 1
    End If
End If
Next k
'4  连续 14 点交替上下变化。
For k = 14 To j
If vass( k − 1 ) > vass( k − 2 ) And vass( k − 2 ) < vass( k − 3 ) Then
    If vass( k − 3 ) > vass( k − 4 ) And vass( k − 4 ) < vass( k − 5 ) Then
        If vass( k − 5 ) > vass( k − 6 ) And vass( k − 6 ) < vass( k − 7 ) Then
            If vass( k − 7 ) > vass( k − 8 ) And vass( k − 8 ) < vass( k − 9 ) Then
```

```
            If vass(k − 9) > vass(k − 10) And vass(k − 10) < vass(k −
        11) Then
                If vass(k − 11) > vass(k − 12) And vass(k − 12) < vass(k
                − 13) Then
                    If vass(k − 13) > vass(k − 14) Then
                        Rule4 = Rule4 + 1
                    End If
                End If
            End If
        End If
    End If
End If

If vass(k − 1) < vass(k − 2) And vass(k − 2) > vass(k − 3) Then
    If vass(k − 3) < vass(k − 4) And vass(k − 4) > vass(k − 5) Then
        If vass(k − 5) < vass(k − 6) And vass(k − 6) > vass(k − 7) Then
            If vass(k − 7) < vass(k − 8) And vass(k − 8) > vass(k − 9) Then
                If vass(k − 9) < vass(k − 10) And vass(k − 10) > vass(k −
                11) Then
                    If vass(k − 11) < vass(k − 12) And vass(k − 12) > vass(k
                    − 13) Then
                        If vass(k − 13) < vass(k − 14) Then
                            Rule4 = Rule4 + 1
                        End If
                    End If
                End If
            End If
        End If
    End If
End If
Next k
'5  连续3点中有2点落在中心线的距离超过1个标准差(同一侧)。
For k = 3 To j
```

```
iUCount = 0
iLCount = 0
For i = 0 To 2
        If vass(k − i) > (CL + 2 ∗ Sigma) Then
                iUCount = iUCount + 1
        ElseIf vass(k − i) < (CL − 2 ∗ Sigma) Then
                iLCount = iLCount + 1
        End If
Next i
If iUCount >= 2 Or iLCount >= 2 Then
                Rule5 = Rule5 + 1
End If
Next k
'6 连续 5 点中有 4 点落在中心线的距离超过 1 个标准差(同一侧)。
For k = 5 To j
iUCount = 0
iLCount = 0
For i = 0 To 4
        If vass(k − i) > (CL + 1 ∗ Sigma) Then
                iUCount = iUCount + 1
        ElseIf vass(k − i) < (CL − 1 ∗ Sigma) Then
                iLCount = iLCount + 1
        End If
Next i
If iUCount >= 4 Or iLCount >= 4 Then
        Rule6 = Rule6 + 1
End If
Next k
'7 连续 15 点排列在中心线 1 个标准差范围内(任一侧)。
For k = 15 To j
iUCount = 0
iLCount = 0
For i = 0 To 14
        If vass(k − i) < (CL + 1 ∗ Sigma) And vass(k − i) >= CL Then
```

```
            iUCount = iUCount + 1
        ElseIf vass(k − i) > (CL − 1 ∗ Sigma) And vass(k − i) < = CL Then
            iLCount = iLCount + 1
        End If
    Next i
    If iUCount + iLCount = 15 Then
        Rule7 = Rule7 + 1
    End If
Next k
```

'8 连续 8 点距中心线的距离大于 1 个标准差(任一侧)。

```
For k = 8 To j
iUCount = 0
iLCount = 0
For i = 0 To 7
    If vass(k − i) > (CL + 1 ∗ Sigma) Then
        iUCount = iUCount + 1
    ElseIf vass(k − i) < (CL − 1 ∗ Sigma) Then
        iLCount = iLCount + 1
    End If
Next i
If iUCount + iLCount = 8 Then
    If Rule8 < 1 Then
    Rule8 = Rule8 + 1
    End If
End If
Next k
```

'根据选定的测试条件编号,选择判断结果。

```
Select Case RuleNum
    Case 1
    iReturn = Rule1
    Case 2
    iReturn = Rule2
    Case 3
    iReturn = Rule3
```

Case 4

iReturn = Rule4

Case 5

iReturn = Rule5

Case 6

iReturn = Rule6

Case 7

iReturn = Rule7

Case 8

iReturn = Rule8

End Select

'得到判断结果。

Gid = iReturn

End Function

7. 判定加工能力等级

依据 Ca、Cp、Cpk 值的大小，判定工序的加工能力。如图 4-27 所示，我们也采用 IF( ) 函数加以判定。

	Q	R	S	T	U	V	W	X	Y
54		步骤六：判定加工能力等级							
55		本例	A级	C级	C级	处理原则			
56		等级	Ca	Cp	Cpk				
57		A⁺		>=1.67	>=1.67	维持现状			
58		A	<=12.5%	<1.67	<1.67				
59				>=1.33	>=1.33				
60		B	>12.5%	<1.33	<1.33	改进为A级			
61			<=25%	>=1	>=1				
62		C	>25%	<1	<1	立即检讨改善			
63			<=50%	>=0.67	>=0.67				
64		D	>50%	<0.67	<0.67	必要时停工生产			

图 4-27　采用 IF( ) 函数判定工序的加工能力

本例中：

单元格 S55 = IF(P26 ="","",IF(P26 > 0.5,"D 级",IF(P26 > 0.25,"C 级",IF(P26 > 0.125,"B 级","A 级")))),判定结果为 Ca = "A 级"。

单元格 T55 = IF(P27 ="","",IF(P27 >= 1.67,"A + 级",IF(P27 >= 1.33,"A 级", IF(P27 >= 1,"B 级",IF(P27 >= 0.67,"C 级","D 级")))))),判定结果为 Cp = "C 级"。

单元格 U55 = IF(P28 = ″″,″″, IF(P28 >= 1.67,″A + 级″, IF(P28 >= 1.33,″A 级″, IF (P28 >= 1,″B 级″, IF(P28 >=0.67,″C 级″,″D 级″))))) ,判定结果为 Cpk = "C 级"。

将上述步骤加以整理,页面加以调整,可以打印成一份两页纸的报告,如图 4-28、图 4-29 所示。

当 Rachel 拿着这份数据确凿、步骤清晰、条例清楚、图形美观、判定准确的 SPC 报告交到质量部经理 Rolland 手中时,Rolland 连说三遍"Very good!"。

后来,根据报告得出的结论,我们和供应商一起对加工工艺的每个环节进行梳理和改进,又做了一份 SPC 报告,如图 4-30、图 4-31 所示。依据图形"点"的变化,X-bar 图或 R 图所列八种情况未出现失控状态;依据 Ca、Cp、Cpk 值的大小,判定工序的加工能力,三者表现均为 A 级。切实让 SPC 起到了如下作用:

(1) 确保工序能力持续稳定、可预测。

(2) 提高产品质量、生产能力,降低成本。

(3) 为工序能力分析提供依据。

(4) 区分变差的特殊原因和普通原因,作为采取局部措施或对系统采取措施的指南。

ABC公司制程能力分析

步骤一：系列数据填写，计算出各值X-bar

序	X_1	X_2	X_3	X_4	X_5	$\bar{X}$	$\bar{X}_i-\bar{X}$	$R=X_{max}-X_{min}$
1	1.14	1.26	1.22	1.24				0.120
2	1.17	1.25	1.14	1.23				0.110
3	1.17	1.23	1.24	1.23				0.070
4	1.17	1.23	1.24	1.22				0.070
5	1.18	1.23	1.22	1.22				0.050
6	1.18	1.23	1.23	1.22				0.050
7	1.18	1.23	1.23	1.22				0.050
8	1.22	1.22	1.23	1.22				0.050
9	1.22	1.22	1.22	1.18				0.070
10	1.22	1.22	1.25	1.18				0.040
11	1.22	1.24	1.18	1.18				0.090
12	1.22	1.14	1.22	1.18				0.080
13	1.22	1.22	1.22	1.18				0.040
14	1.22	1.14	1.22	1.17				0.040
15	1.22	1.18	1.22	1.17				0.080
16	1.22	1.18	1.23	1.17				0.050
17	1.22	1.18	1.24	1.17				0.060
18	1.23	1.18	1.22	1.16				0.080
19	1.24	1.22	1.22	1.16				0.105
20	1.26	1.15	1.22	1.16				0.135
21				1.13				
22								
23								
24								
25								

步骤二：求各点XX

	2	3.267	3.267	2.880	0.000	1.128
	3		2.575	1.023	0.000	1.693
	4		2.282	0.729	0.000	2.059
	5		2.115	0.577	0.000	2.326
	6		2.004	0.483	0.000	2.534
	7		1.924	0.419	0.076	2.704
	8		1.864	0.373	0.136	2.847
	9		1.816	0.337	0.184	2.970
	n	D4		D3		D2
	4(取)	2.115		0.577	0	2.115	2.326

步骤三：制程能力方差数计算

序号	名称	符号与公式	EXCEL示算公式	值
1	规格上限	USL	产品要求决定	1.28
2	规格中心	SL	产品要求决定	1.20
3	规格下限	LSL	产品要求决定	1.12
4	规格公差	T=USL-LSL	F15-F17	0.16
5	实际总平均与中心差	$\bar{\bar{X}}$	AVERAGE(B4:I28)	1.21
6	信息平均值	$\bar{R}$	AVERAGE(J4:J28)	0.07
7	x̄正上管制线	$UCL_x=\bar{x}+A2\cdot\bar{R}$	F19=MC12+F20	1.25
8	x̄正下管制线	$LCL_x=\bar{x}-A2\cdot\bar{R}$	F19=MC12-F20	1.17
9	R正上管制线	$UCL_R=D4\cdot\bar{R}$	D12×F20	0.15
10	R正下管制线	$LCL_R=D3\cdot\bar{R}$	F12×F20	0.00
11	标准差	STDEVA(B4:I28)		0.03
12	制程能力 (Cp)	(x-SLs)/(6/2)	(F15-F16)/(6F18/2)	0.07
13	制程能力 (Cp)	T/(6×6/2)	F18/(6×(F26/F23))	0.89
14	安全能力指数值 (Cpk)	MIN(USLs-μ)/(3×4/2/2),(μ-LSL)/(3×4/2/2)	MIN(F15-F19+F20)/(F19-F20)...	0.82

步骤四：图表数据汇总

	$\bar{X}$-bar	UCLx	x	LCLx	R-bar	UCL_R	R	LCL_R
	1.22	1.25	1.21	1.17	0.12	0.15	0.07	0.00
	1.20	1.25	1.21	1.17	0.11	0.15	0.07	0.00
	1.22	1.25	1.21	1.17	0.07	0.15	0.07	0.00
	1.22	1.25	1.21	1.17	0.07	0.15	0.07	0.00
	1.21	1.25	1.21	1.17	0.05	0.15	0.07	0.00
	1.22	1.25	1.21	1.17	0.05	0.15	0.07	0.00
	1.21	1.25	1.21	1.17	0.05	0.15	0.07	0.00
	1.21	1.25	1.21	1.17	0.05	0.15	0.07	0.00
	1.22	1.25	1.21	1.17	0.07	0.15	0.07	0.00
	1.20	1.25	1.21	1.17	0.04	0.15	0.07	0.00
	1.19	1.25	1.21	1.17	0.09	0.15	0.07	0.00
	1.20	1.25	1.21	1.17	0.08	0.15	0.07	0.00
	1.20	1.25	1.21	1.17	0.04	0.15	0.07	0.00
	1.18	1.25	1.21	1.17	0.04	0.15	0.07	0.00
	1.19	1.25	1.21	1.17	0.08	0.15	0.07	0.00
	1.20	1.25	1.21	1.17	0.06	0.15	0.07	0.00
	1.20	1.25	1.21	1.17	0.06	0.15	0.07	0.00
	1.20	1.25	1.21	1.17	0.08	0.15	0.07	0.00
	1.18	1.25	1.21	1.17	0.11	0.15	0.07	0.00
	1.18	1.25	1.21	1.17	0.14	0.15	0.07	0.00

步骤五：绘成数管制图

图4-28 SPC 控制图数据处理部分

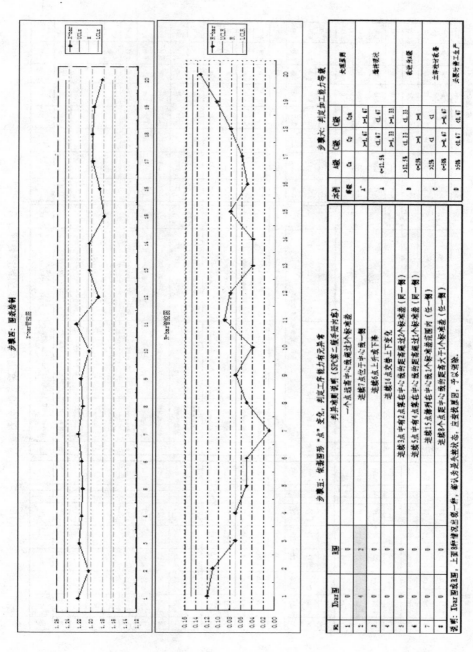

图4-29　SPC控制图图形判定部分

ABC公司制程能力分析

步骤二：算出上、下限

步骤一：系统自动算出，计算出来是 X̄-bar

步骤三：相关能力参数计算

序号	名称	符号与公式	值
1	规格上限	USL	客户或公司要求
2	规格中心	SL	产品规格给定
3	规格下限	LSL	产品规格给定
4	规格公差	T=USL－LSL	USL－LSL
5	样本平均值的平均值	x̄	AVERAGE(J4:J28)
6	样本平均值	x̄	AVERAGE(J4:J28)
7	x̄图上控制限	UCL_x̄-bar=x̄+A2·R̄	F25+AG2×F26
8	x̄图下控制限	LCL_x̄-bar=x̄－A2·R̄	F25－AG2×F26
9	R图上控制限	UCL_R=D4·R̄	AG2×F26
10	R图下控制限	LCL_R=D3·R̄	AH2×F26
11	标准差	σ	STDEVA(J4:J28)
12	制程能力 (Cp)	(σ=T/(6D))	(F25－F27)/(6·F28)
13	制程能力 (Cp)	T/(σ×σ/DD)	J/(6×σ/DD))
14	标准偏差调整值 (Cpk)	MIN((USL-x̄)/(3σ), (x̄-LSL)/(3σ))	MIN((F25－F29×F26)/(3σ), ...)

图 4-30 改进后的 SPC 控制图数据处理部

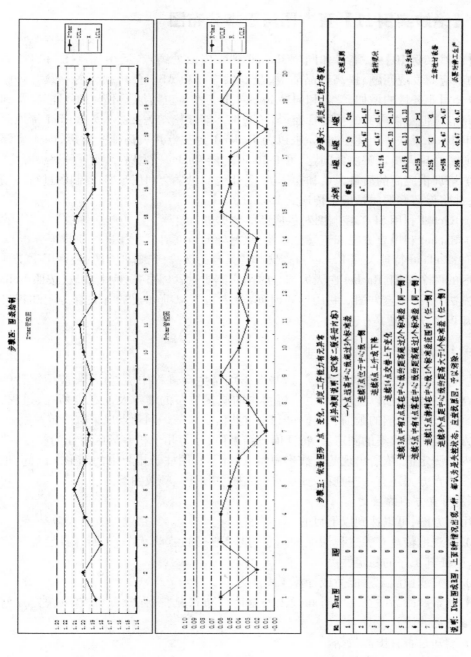

图 4-31 改进后的 SPC 控制图图形判定部分

4.4 【绝妙实例11】直方图与正态分布图

在【绝妙实例10】中,笔者和同事 Rachel 到供应商处蹲点,运用控制图和 SPC 的方法,帮助供应商发现问题、提高产品质量,受到供应商和 ABC 公司领导的一致好评。可是,随着公司业务量的增加,笔者和同事 Rachel 的工作量也增加了不少,不可能经常到供应商处蹲点。但对供应商的质量管控,却丝毫都不能放松。怎么办呢? Rachel 特地向质量经理 Rolland 反映了上述困难,原来以为 Rolland 会安慰并表扬他一番后,向人事部提出增加质量管理人员以解决此问题,可 Rolland 却向 Rachel 介绍了另外一种解决方法:

(1)培训供应商的质量人员和操作员工,让他们也学会利用 SPC、控制图进行现场质量管控;并将保留好的质量记录传递给 Rachel。

(2) Rachel 利用 SPC、控制图对供应商的数据进行复核。

(3) Rachel 利用直方图和正态分布图,从另外的角度对其数据进行质量再分析。

同时,Rolland 特地关照 Rachel,自己的事情,自己解决;先画直方图,最好用手工画。

以后的两个星期,Rachel 白天大部分时间应酬质量管理事务;晚上加班,按照 Rolland 教他的方法,手工做直方图。利用这段时间,笔者也把以前知道的有关直方图和正态分布图的知识重新梳理了一遍。

4.4.1 直方图

现场人员经常要面对许多数据,这些数据均是生产过程中检查所得,应用统计绘图的方法,将这些数据加以整理,则生产过程中的质量散布的情形及问题点所在、过程、能力等,均可呈现在我们的眼前。我们可利用这些信息来掌握问题点以采取改善对策。

直方图是将所收集的测定值、特性值或结果值,分为几个相等的区间作为横轴,并将各区间内的测定值,依所出现的次数累积而成的面积,用柱子排起来的图形。因此,也叫做柱状图。直方图还有一些别称,如质量分布图、矩形图、频数图等。

1. 使用直方图的目的

使用直方图,可以达到以下目的:

(1)直观地传达有关过程情况的信息,显示数据的波动状态,判断一批已加工完毕的产品,验证其工序的稳定性。

(2)研究或预测工序能力或计算工序能力。

(3)观察产品品质在某一时间段内的整体分布状况、过程分析与控制,决定在何处集中力量进行改进。

(4)测知是否有虚假数据。

(5)计算产品的不合格率。

（6）用以制定规格界限。

（7）与规格或标准值比较。

（8）调查是否混入两个以上的不同群体。

（9）了解设计控制是否合乎过程控制。

2．直方图的制作

手工作直方图，采用以下步骤：

（1）收集数据并记录。收集数据时，对于抽样分布必须特别注意，不可取部分样品，应全部均匀地加以随机抽样。所收集的数据个数应大于50。

（2）找出数据中的最大值（L）与最小值（S）。先从各行（或列）求出最大值和最小值，再作比较。

（3）求极差（R）。极差（R）＝数据最大值（L）减最小值（S）。

（4）决定组数。

● 组数过少，虽然可得到相当简单的表格，却失去次数分配的本质与意义；组数过多，虽然表格详尽，但无法达到简化的目的。通常，应先将异常值剔除，再进行分组。

● 一般可用数学家史特吉斯（Sturges）提出的公式，根据测定次数 n 来计算组数 k，公式为：$k = 1 + 3.32 \times \log n$。

● 也有人根据测定次数 n 的平方根来计算组数。

● 对数据的分组也可参照表4-4。

（5）求组距（h）。组距＝极差（R）÷组数（k）。为便于计算平均数及标准差，组距常取2、5或10的倍数。

（6）求各组上限、下限（由小到大顺序）。

第一组下限＝最小数－0.5×组界；

表4-4　直方图组数选择参考表

数据数	组数
~50	5~7
51~100	6~10
101~250	7~12
250~	10~20

📖 也有人采用：第一组下限＝最小值－0.5×最小测定单位。采用哪一种视实际情况而定，既要保证图形的对称性，又要使横轴包含最大数与最小数后长度较短。

第一组上限＝第一组下限＋组界；

第二组下限＝第一组上限；

第三组上限＝第二组下限＋组界；

第三组下限＝第二组上限；

……　……

这里，涉及一些概念：

● 最小测定单位。整数位的最小测量单位为0.1；小数点1位的最小测量单位为

0.1；小数点 2 位的最小测量单位为 0.01。

● 最大数与最小数。一种是指实测数据中的最大值(L)与最小值(S)。如果想要将规格上限和规格下限也放置在直方图中，则最小数指的是数据最小值(S)与规格下限(LSL)二者比较后的较小值；最大数是数据最大值(L)与规格上限(USL)二者比较后的较大值。更有甚者，为了将直方图与控制图结合使用，最小数指的是数据最小值(S)、规格下限(LSL)、控制下限(LCL)、平均数减去 4 倍标准差四者比较后的最小的数值；最大数则是数据最大值(L)、规格上限(USL)、控制上限(UCL)、平均值加上 4 倍标准差四者比较后的最大的数值。无论哪种情况，作直方图时，最小数应在最小一组内，最大数应在最大一组内；若有数字小于最小一组下限或大于最大一组上限值时，应自动加一组。

（7）求组中点值。

$$组中点值 = \frac{该组上限 + 该组下限}{2} 。$$

（8）作次数分配表。

● 将所有数据，按其数值大小记在各组的组界内，并计算其次数。

● 将次数相加，并与测定值的个数相比较；表示的次数总和应与测定值的总数相同。

（9）制作直方图。

● 将次数分配表图表化，以横轴表示数值的变化，纵轴表示次数。

● 横轴与纵轴各取适当的单位长度。再将各组的组界分别标在横轴上，各组界应为等距分布。

● 以各组内的次数为高，组距为宽；在每一组上画成矩形，则完成直方图。

● 在图的右上角记入相关数据（数据总数 n、平均值 x、标准差 σ……），并划出规格的上限、下限；填入事项：产品名称、工序名称、时间、制作日期、制作者。

3. **手工作直方图范例**

下面用一个实例，说明手工作直方图的步骤。

（1）收集数据并记录。比如有一种零件，其中的一孔径是 $\phi400(0.010 \sim 0.065)$ mm 经过镗孔工序，收集 100 个数据如表 4-5 所示（为便于计算，将测量值 $\phi400$ 省略，小数点后面的数放大 1000 倍，单位由 mm 变成 μm）。

表 4-5　零件孔径是 $\phi400(0.010\sim0.065)$ 实测数据表

1	32	43	23	39	23
2	45	21	45	41	29
3	21	45	39	39	35
4	29	33	31	51	31
5	47	21	41	39	37
6	29	39	39	37	33
7	53	51	28	38	36
8	19	34	48	42	23
9	33	39	44	29	40
10	32	21	44	44	36
11	27	42	39	37	36
12	45	39	33	49	41
13	46	39	44	45	45
14	37	40	47	39	41
15	37	31	29	31	49
16	31	37	37	41	41
17	48	48	51	43	37
18	19	50	33	35	21
19	39	39	41	41	17
20	38	39	39	46	52
行最大	53	51	51	51	52
行最小	19	21	23	29	17

（2）找出数据中的最大值（L）与最小值（S）。最大值 $L=53$，最小值 $S=17$。

（3）求极差（R）。极差 $R=L-S=53-17=36$。

（4）决定组数。$k=1+3.32\times\log n=1+3.32\times\log100=7.64$，圆整为 8；全距 $R=L-S=53-17=36$。

（5）求组距（h）。组距 $C=36\div8=4.5$，取 $C=5$。

（6）求各组上限、下限（由小到大顺序）。

最大数与最小数的确定：为了将规格上限和规格下限也放置在直方图中，取数据最小值($S = 17$)与规格下限($LSL = 10$)二者比较后的较小值(10),取数据最大值($L = 53$)与规格上限($USL = 65$)二者比较后的较大值(65)。

第1组下界 $= S - 0.5 \times C = 10 - 0.5 \times 5 = 7.5$,第1组上界 $=$ 第1组下界 $+ C = 7.5 + 5 = 12.5$;

依此类推;

第12组下界 $= 62.5$,第12组上界 $= 62.5 + 5 = 67.5$。

(7)求组中点(见表4-6)。

$$各组中点值 = \frac{该组上限 \times 该组下限}{2}。$$

(8)划次数分配表(见表4-6)。

表4-6　次数分配表

组	组界	中心值	划记	次数	组	组界	中心值	划记	次数
1	7.5～12.5	10		0	7	37.5～42.5	40	卌 卌 卌 卌	19
2	12.5～17.5	15		0	8	42.5～47.5	45	卌 卌 卌 卌 卌 卌	29
3	17.5～22.5	20	丨	1	9	47.5～52.5	50	卌 卌 卌 丨	16
4	22.5～27.5	25	卌 丨丨	7	10	52.5～57.5	55	卌 卌	10
5	27.5～32.5	30	卌丨	4	11	57.5～62.5	60	丨	1
6	32.5～37.5	35	卌 卌 丨丨丨	13	12	62.5～67.5	65		0

(9)画直方图(如图4-32)。

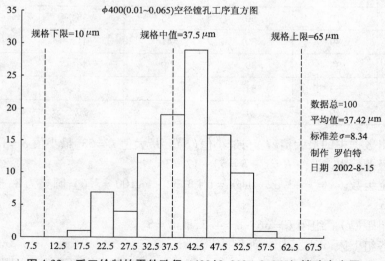

图4-32　手工绘制的零件孔径 $\phi 400(0.010 \sim 0.065)$ 镗孔直方图

4. 直方图的类型

直方图有以下几种类型。

（1）一般型（如图 4-33）。

典型特征：中心附近频数最多，两边低，有集中趋势。

检查重点：左右对称分布，显示过程运转正常。

（2）缺齿型（如图 4-34）。

典型特征：高低不一，在区间的某一位置突然减少，有缺齿情形。

检查重点：检验员对测定值是否有偏好现象，是否假造数据，测量仪器是否精密，组数的宽度是不是整数倍。

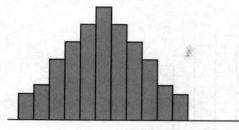

图 4-33　一般型直方图

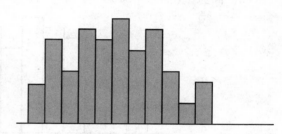

图 4-34　缺齿型直方图

（3）切边型（如图 4-35）。

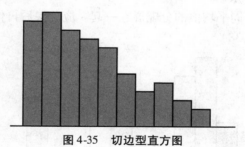

图 4-35　切边型直方图

典型特征：有一端被切断。

检查重点：是否剔除某规格以外的数据。

（4）离岛型（如图 4-36）。

典型特征：在右端或左端形成小岛。

检查重点：是否混入少量不同分布的数据，测量是否有错误，工序调节是否有错误。

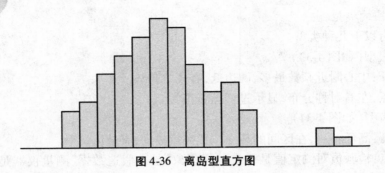

图 4-36　离岛型直方图

（5）高原型（如图 4-37）。

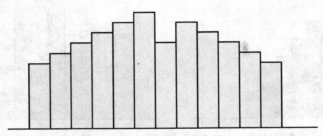

图 4-37　高原型直方图

典型特征：形状似高原状。

检查重点：是否将不同平均值的分配混在一起。应分层后再作直方图比较。

（6）双峰型（如图 4-38）。

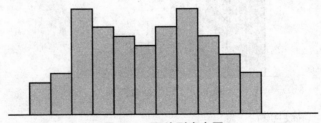

图 4-38　双峰型直方图

典型特征：有两个高峰出现。

检查重点：是否有两种分配相混合。例如，两台车床或两家不同供应商，应先分层后作直方图。

（7）偏态型（如图 4-39）。

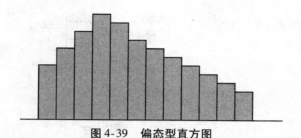

图 4-39　偏态型直方图

典型特征:高处偏向一边,另一边低,拖长尾巴。可分偏右型、偏左型。

偏左型:例如,成分含有高纯度的含有率等,不能取到某个值以上的值时,就会出现的形状;偏右型,例如,微量成分的含有率等,不能取到某个值以下的值时,所出现的形状。

检查重点:检查是否在技术上能够接受,工具是否磨损或松动。

5. 直方图与标准值的比较

通过直方图与标准值的比较,可以了解现有的制作工序在技术工艺上是否能满足要求,还可以发现超越现实技术水平的过高要求等不合理情况。对于实事求是地制定工艺技术文件,改进质量管理工作有重要作用。比较结果一般会有以下几种情况。

(1) 理想型(如图 4-40)。

过程能力在规格界限内,且平均值与规格中心一致,平均数加减 4 倍标准差为规格界限。过程稍有变大或变小都不会超过规格值,表示产品良好,工序能力足够,是一种最理想的直方图。

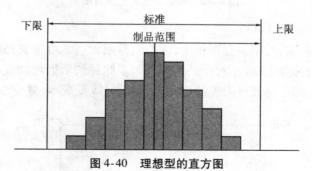

图 4-40　理想型的直方图

(2) 一侧无宽裕(如图 4-41)。

产品偏一边,则另一边还有很多余地,若工序稍有变化,很可能超出标准,需设法使产品中心值与规格中心值吻合。

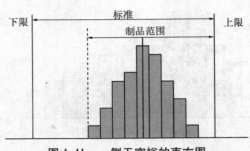

图 4-41   一侧无宽裕的直方图

（3）两侧无宽裕（如图 4-42）。

产品的最大值与最小值均在规格内，但没有宽裕，稍有变动，就会有不合格品产生的危险，要设法提高产品的精度。

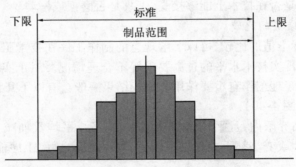

图 4-42   两侧无宽裕的直方图

（4）宽裕太多（如图 4-43）。

过分满足标准要求：与制品范围相比，标准值界限太宽。由于宽裕过大，应变更标准使其变窄，或者省去部分工序，扩大产品范围。如果此种情形因增加成本而得到，可能并非好现象，故可考虑缩小标准界限或放松质量变异，以降低成本、减少浪费。

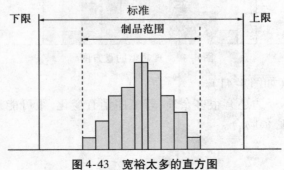

图 4-43   宽裕太多的直方图

（5）平均值偏离（如图 4-44）。

平均位置有偏差：平均值偏向规格下限或偏向规格上限，但产品呈正态分配，可以从技术方面采取措施，使平均值向标准中心靠拢。

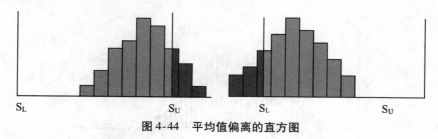

图 4-44　平均值偏离的直方图

（6）离散度过大（如图 4-45）。

实际产品的最大值与最小值均超过规格值，有不合格品发生（灰色部分），表示标准太大，过程能力不足，应从变动的人员、方法等方面去追查，要设法使产品的变异缩小；或是标准定得太严，应扩大标准。

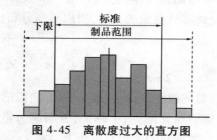

图 4-45　离散度过大的直方图

（7）完全在标准外（如图 4-46）。

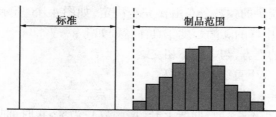

图 4-46　制品范围完全在标准外的直方图

表示产品的生产完全没有依照规格去考虑；或规格定得不合理，根本无法达到规格。

4.4.2　正态分布图

正态分布图与直方图有着天然的联系。可以设想，根据频数资料绘制成的直方图，如果将组数逐渐增多，组距不断分细，如图 4-47 中直条将逐渐变窄，当样本容量无限增大,这个频率分布直方图上面的折线就会无限接近于一条光滑钟形曲线。

这条曲线称为频数曲线或频率曲线,略呈钟型,两头低,中间高,左右对称,近似于数学上的正态分布。

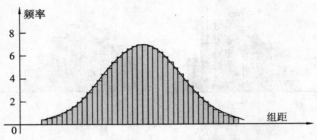

图4-47　正态分布图与直方图的联系

1. 正态分布定义

正态分布是一种概率分布,其满足自变量为 x 的密度函数(频率曲线)。正态分布是具有两个参数 μ 和 σ^2 的连续型随机变量的分布,第一参数 μ 是服从正态分布的随机变量的均值,第二个参数 σ^2 是此随机变量的方差,所以正态分布记作 $N(\mu,\sigma^2)$。其函数方程式如下:

$$f(x) = \frac{1}{\sqrt{2\pi}\sigma}e^{-\frac{(x-\mu)^2}{2a^2}}, x \in (-\infty, +\infty)$$

服从正态分布的随机变量的概率规律为:与 μ 邻近的值的概率大,离 μ 越远的值的概率越小。σ 越小,分布越集中在 μ 附近;σ 越大,分布越分散。正态曲线呈钟型,两头低,中间高,左右对称,曲线与横轴间的面积总等于1。

2. 正态分布的特征

服从正态分布的变量的频数分布由 μ 完全决定,如图4-48所示,μ 决定了图形的中心位置,σ 决定了图形中峰的陡峭程度。具体特征如下:

(1)曲线在 x 轴的上方,与 x 轴不相交。

(2)对称性:曲线关于直线 $x=\mu$ 对称。

(3)集中性:当 $x=\mu$(均数)时,曲线位于最高点。

(4)均匀变动性:当 $x<\mu$ 时,曲线上升(增函数);当 $x>\mu$ 时,曲线下降(减函数);并且当曲线向左、右两边无限延伸时,以 x 轴为渐近线,向它无限靠近。

(5)μ 一定时,曲线的形状由 σ 确定。σ 越大,曲线越"矮胖",总体分布越分散;σ 越小,曲线越"瘦高",总体分布越集中。

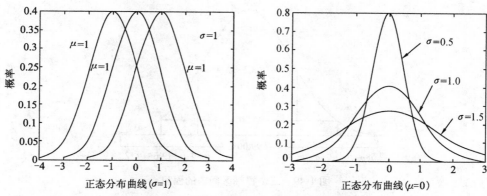

图 4-48　μ 决定中心位置,σ 决定陡峭程度

3. 标准正态分布

标准正态曲线:当 μ = 0、σ = 1 时,正态总体称为标准正态总体,其相应的函数表示式为

$$f(x) = \frac{1}{\sqrt{2\pi}\sigma} e^{\frac{x^2}{2}}, x \in (-\infty, +\infty)$$

其相应的曲线称为标准正态曲线。

标准正态总体 $N(0,1)$ 在正态总体的研究中占有重要的地位,任何正态分布的概率问题均可转化成标准正态分布的概率问题。

标准正态分布是一种特殊的正态分布,标准正态分布的 μ 和 $σ_2$ 为 0 和 1,通常用 ξ(或 Z)表示服从标准正态分布的变量,记为 $Z \sim N(0,1)$。

标准化变换:若原分布服从正态分布,则 $Z = (x - \mu)/\sigma \sim N(0,1)$ 就服从标准正态分布,通过查标准正态分布表就可以直接计算出原正态分布的概率值。故该变换被称为标准化变换。

标准正态分布表中列出了标准正态曲线下从 $-\infty$ 到 x(当前值)范围内的面积比例。

4. 正态曲线下面积分布

在实际工作中,正态曲线下横轴上一定区间的面积反映该区间的例数占总例数的百分比,或变量值落在该区间的概率(概率分布)。不同范围内正态曲线下的面积可用公式计算。下面列举三个重要的面积比例(如图 4-49)。

(1)横轴区间 $(\mu - \sigma, \mu + \sigma)$ 内的面积为 68.27%。

(2)横轴区间 $(\mu - 1.96\sigma, \mu + 1.96\sigma)$ 内的面积为 95.00%。

(3)横轴区间 $(\mu - 2.58\sigma, \mu + 2.58\sigma)$ 内的面积为 99.00%。

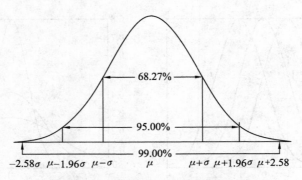

68.27%

95.00%

99.00%

-2.58σ $\mu-1.96\sigma$ $\mu-\sigma$ μ $\mu+\sigma$ $\mu+1.96\sigma$ $\mu+2.58$

图 4-49　三个横轴区间内的面积

5. 正态分布图的作用

正态分布与直方图的配合使用,可以起到以下作用:

(1)估计频数分布概率。一个服从正态分布的变量只要知道其均数与标准差,就可根据公式估计任意取值范围内频数比例(比如计算零件废品率)。

(2)确定规格界限。在未订出规格界限之前,可依据所收集编成的次数分配表,计算次数分配是否为正态分配。如为正态分配,则可根据计算得到的平均数与标准差来订出规格界限。一般而言,平均数 x 减去 3 个标准差 σ 得规格下限,平均数 x 加上 3 个标准差 σ 则得规格上限;或按实际需要而制定。

(3)确定质量控制警戒值界限。为了控制产品误差,常以平均值 x 加(减)2 倍标准差 σ 作为上(下)警戒值。

(4)从直方图拟合出的正态分布图中,可看出所测数据样本分配的中心倾向(准确度)、分配的形状、散布状态(精密度)以及规格关系,如图 4-50 所示。

📖　精密度与准确度精密度指的是多次测定结果互相接近的程度,通常用偏差(算术平均偏差或标准偏差)来表示。准确度是由系统误差与偶然误差来决定的,而精密度是由偶然误差所决定的。在分析过程中,准确度高,一定需要精密度高,但精密度高,不一定准确度高,因此精密度是保证准确度的先决条件。 μ 一定时,曲线的形状确定了所测数据样本的精密度:曲线越"矮胖", σ 就越大,总体分布越分散,精密度越低;曲线越"瘦高", σ 就越小,总体分布越集中,精密度越高。 σ 一定时,曲线的中心位置确定了所测数据样本的准确度:实际中心位置越远离规格中心位置,准确度越低;反之,准确度越高。从图 4-50 可以看出,情形 1 的产品准确度虽然较高但精密度低,情形 2 刚好相反,情形 3 则准确度及精确度都低,情形 4 两者皆高。

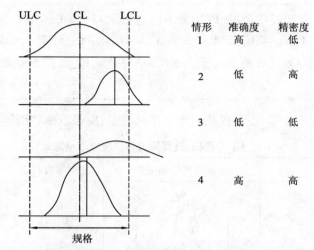

情形	准确度	精密度
1	高	低
2	低	高
3	低	低
4	高	高

图4-51 正态分布图可看出所测数据样本分配的准确度和精密度

（5）通过规格公差与正态分布标准差的对比，判定过程精密度（Capability of Precision，C_P）。

● 双边规格。

$$C_P = \frac{T}{6S} = \frac{S_X - S_L}{6S} = \frac{（上限规格）-（下限规格）}{6 \times（标准偏差）}。$$

● 单边规格。

上限规格：$C_F = \frac{S_u - \overline{X}}{3S} = \frac{（上限规格）-（平均值）}{3 \times（标准偏差）}。$

上限规格：$C_P = \frac{\overline{X} - S_L}{3S} = \frac{（平均值）-（下限规格）}{3 \times（标准偏差）}。$

表4-7给出了C_P值的大小与不合格品率的关系。

表4-7 C_P值的大小与不合格品率的关系表

C_P值	规格公差（T）	不合格品率	
		单边规格	双边规格
0.33	$2\sigma（\pm1\sigma）$	15.87%	31.74%
0.57	$4\sigma（\pm2\sigma）$	2.27%	4.54%
1	$6\sigma（\pm3\sigma）$	0.14%	0.27%
1.33	$8\sigma（\pm4\sigma）$	31.5PPM	63PPM
1.66	$9.6\sigma（\pm4.8\sigma）$	0.81PPM	1.62PPM
1.76	$10.4\sigma（\pm5.3\sigma）$	0.06PPM	0.12PPM
2	$12.0\sigma（\pm6\sigma）$	1.0PPB	2.0PPB

📖 其中,PPM 表示百万分之一;PPB 表示十亿分之一;当 Ca(工序能力准确度)= 0 时,$C_P = C_Pk$。C_Pk,Ca,C_P 三者的关系:$C_Pk = C_P \times (1 - |Ca|)$,$C_Pk$ 是 Ca 及 C_P 两者的中和反应,Ca 反应的是位置关系(集中趋势),C_P 反应的是散布关系(离散趋势)。

具体 C_P 处于什么范围时,过程能力处于什么状态,应采取哪些措施,详见表4-8。

表4-8 C_P 的范围、过程能力评价与处理措施表

序号	C_P	分布与规格的关系	过程能力判定	处理措施
1	$C_P \geqq 1.67$		太 佳	过程能力太好,可适当缩小规格,或考虑简化管理,降低成本。
2	$1.67 > C_P \geqq 1.33$		合 格	理想状态,继续维持。
3	$1.33 > C_P \geqq 1.00$		警 告	使过程保持于控制状态,否则产品随时有发生不合格品的危险,要警惕。
4	$1.00 > C_P \geqq 0.67$		不 足	产品有不合格品产生,需全检,过程有妥善管理及改善的必要。
5	$0.67 > C_P$		非常不足	应采取紧急措施,改善质量并追究原因,必要时规格再作检验。

4.4.3 用 Excel 绘制直方图和正态分布图

笔者利用业余时间,把以前知道的有关直方图和正态分布图的知识进行了梳理。刚刚把直方图原理、手工绘制直方图、正态分布图原理进行了梳理,还没有来得及梳理怎样用 Excel 绘制直方图和正态分布图,Rachel 就"诉苦"来了:"Rolland 让我用手工做直方图,真是累死我也! 辛辛苦苦一笔一画地画图,哪个地方搞错了,又是涂又是改的,图画得不整洁,Rolland 又不爱看! 你说 Rolland 是不是在为难我?"

"你去问他呀!"笔者对他说。

没想到笔者和 Rachel 正说着,Rolland 从旁边走过,听了个正着。

Rolland 对着 Rachel 说:"我就知道你不理解我的良苦用心! 用手工作直方图,虽然辛苦,但一笔一画地画图,可以对直方图有更深刻的理解。从现在起,你可以用电脑作直方图和正态分布图了。"

"可我不会用电脑作直方图,你能教我吗?"Rachel 说。

"用得着我教吗? 师傅就在你面前! 你们母语一样,教起来更方便!"Rolland 说。

1. 利用"数据分析"作直方图

Rachel 问了笔者四个问题。第一个问题:怎样用 Excel 绘制直方图? 笔者便教给他一个简便方法:利用"数据分析"作直方图(采用 4.4.1 中相同案例)。

(1)加载"分析工具库"。Excel 的"数据分析"功能需要使用 Excel 扩展功能,如果尚未安装数据分析,要依次选择"工具"→"加载宏",在安装光盘中加载"分析工具库",如图 4-51 所示。加载成功后,可以在"工具"下拉菜单中看到"数据分析"选项。

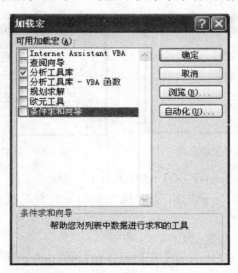

图 4-51 加载"分析工具库"

(2)填写原始记录数据,如图 4-52 所示。

(3)计算或填写关键数据,如图 4-53 所示。

其中,最大值(单元格 H2)= MAX(A2:E21)。

平均值(单元格 H3)= AVERAGE(A2:E21)。

最大值(单元格 H4)= MIN(A2:E21)。

样本数(单元格 H5)= COUNT(A2:E21)。

规格上限(单元格 J2)= 65um(零件图纸给定)。

规格中值(单元格 J3)= 37.5um(零件图纸给定)。

规格下限(单元格 J4)= 10um(零件图纸给定)。

标准偏差(单元格 J5)= STDEV(A2:E21)。

(4) 计算组距与作图组数,如图 4-54 所示。

其中,样品区间(单元格 M2)= 样品最大值 - 样品最小值 = H2 - H4 = 36。

样品柱数(单元格 M3)= ROUND(3.32 * LOG(H5),0)+1。

样品组距(单元格 M4)= M2/M3 = 4.50。

组距圆整(单元格 M5)= ROUNDUP(M4,0)。

作图最大值(单元格 O2)= MAX(H2,J2)= 65.00。

作图最小值(单元格 O3)= MIN(H2,J2)= 10.00。

直方图与正态分布图

	A	B	C	D	E
1	一:原始记录数据				
2	32	43	23	39	23
3	45	21	45	41	29
4	21	45	39	39	35
5	29	33	31	51	31
6	47	21	41	39	37
7	29	39	39	37	33
8	53	51	28	38	36
9	19	34	48	42	23
10	33	39	44	29	40
11	32	21	44	44	36
12	27	42	39	37	36
13	45	39	33	49	41
14	46	39	44	45	45
15	37	40	47	39	41
16	37	31	29	31	49
17	31	37	37	41	41
18	48	48	51	43	37
19	19	50	33	35	21
20	39	39	41	41	17
21	38	39	39	46	52

数据分析作直方图

图 4-52　填写原始记录数据

直方图与正态分布图

	G	H	I	J
1	二.关键数据			
2	最大值	53.00	规格上限	65
3	平均值	37.42	规格中值	37.5
4	最小值	17.00	规格下限	10
5	样本数	100	标准偏差	8.34

数据分析作直方

图 4-53　计算或填写关键数据

直方图与正态分布图

	L	M	N	O
1	三.组距与作图组数			
2	样本区间	36.00	作图最大值	65.00
3	样本柱数	8	作图最小值	10.00
4	样本组距	4.50	作图区间	55.00
5	组距圆整	5	作图组数	13

数据分析作直方图

图 4-54　计算组距与作图组数

作图区间(单元格 O4)= O2 - O3 = 55.00。

作图组数(单元格 O5)= ROUNDUP(O4/M5,0)+2(此公式为笔者经验公式,必要时可以手工修改)= 13。

(5) 确定直方图分组数据,如图 4-55 所示。

其中,第 1 组下界(单元格 H9)= 作图最小值 = 组距圆整/2 = O3 - M5/2 = 7.5;

第 2 组下界(单元格 H10)= 第 1 组上界 = 第 1 组下界 + 组距圆整 = H9 + $M$5 = 7.5 + 5 = 12.5;

第 3 组下界(单元格 H10)= 第 2 组上界 = 第 2 组下界 + 组距圆整 = H10 + $M$5

$=12.5+5=17.5;$

依此类推；

第 12 组下界（单元格 H20）= H19 + ＄M＄5 =62.5；第 12 组上界（单元格 H21）= H20 + ＄M＄5 =67.5。

（6）选择"工具"→"数据分析"→"直方图"命令，如图 4-56 所示。

图 4-55　确定直方图分组数据

图 4-56　选择"工具"→"数据分析"→"直方图"

（7）填写直方图属性设置框，如图 4-57 所示。

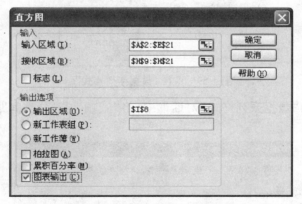

图 4-57　选择填写直方图属性框

其中，"输入区域"：指原始记录数据区域（＄A＄2：＄E＄21）。"接受区域"：指分组数据接受序列区域（＄H＄9：＄H＄21）。"输出区域"：指将要产生的直方图放置区域；直接插入当前表格中，选择单元格＄I＄8。

选中"柏拉图"，此复选框可在输出表中按降序来显示数据。

（8）系统弹出"接收"序列、"频率"序列、直方图图形，如图 4-58 所示。

147

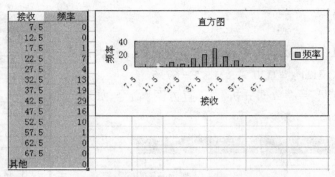

图 4-58 系统弹出"接收"、"频率"、直方图

（9）去掉"接收"序列中的"其他"；选中直方图的柱形，单击鼠标右键，选中"数据系列格式"，如图 4-59 所示。

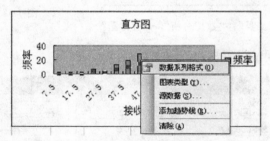

图 4-59 选择"数据序列格式"

（10）在弹出的"数据系列格式"对话框中，将"选项"中"分类间距"的"150"调整为"0"，如图 4-60 所示。

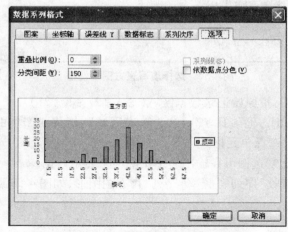

图 4-60 将"分类间距"调整为"0"

（11）修改直方图名称，调整图表位置，得到完整的、从"原始记录数据"到直方图生成的全过程，如图4-61所示。

	A	B	C	D	E	F	G	H	I	J	K	L	M	N	O
1		一：原始纪录数据						二．关键数据					三．组距与作图组数		
2	32	43	23	39	23		最大值	53.00	规格上限	65		样本区间	36.00	作图最大值	65.00
3	45	21	45	41	29		平均值	37.42	规格中值	37.5		样本柱数	8	作图最小值	10.00
4	21	45	39	39	35		最小值	17.00	规格下限	10		样本组距	4.50	作图区间	55.00
5	29	33	31	51	31		样本数	100	标准偏差	8.34		组距圆整	5	作图组数	13
6	47	21	41	39	37										
7	29	39	39	37	33		四：直方图数据					五：图表区			
8	53	51	28	38	36		序号	分组数据							
9	19	34	48	42	23		1	7.5							
10	33	39	44	29	40		2	12.5							
11	32	21	44	44	36		3	17.5							
12	27	42	39	37	36		4	22.5							
13	45	39	33	49	41		5	27.5							
14	46	39	44	45	45		6	32.5							
15	37	40	47	39	41		7	37.5							
16	37	31	29	31	49		8	42.5							
17	31	37	37	41	41		9	47.5							
18	48	48	51	43	37		10	52.5							
19	19	50	33	35	21		11	57.5							
20	39	39	41	41	17		12	62.5							
21	38	39	39	46	52		13	67.5							

图4-61　直方图生成的全过程

2．利用函数作直方图和正态分布图

过了两天，Rachel就问了第二个问题：怎样将直方图、正态分布图在Excel中同时绘制完成？笔者便又教给他一个方法：利用函数作直方图和正态分布图。为了让Rachel养成自学的习惯，笔者让Rachel单击Excel的"帮助"菜单，输入2个函数，以获得Excel的讲解。

（1）FREQUENCY（）函数。

下面是利用Excel的"帮助"菜单，学习FREQUENCY（）函数的步骤。

① 单击Excel的"帮助"→"Microsoft Excel帮助"，如图4-62所示。

② 在弹出的"搜索"下方输入"FREQUENCY"，如图4-63所示，单击按钮➡。

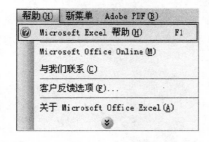

图4-62　Microsoft Excel帮助步骤-2之1

图4-63　Microsoft Excel帮助步骤-2之2

③ 轻松得到了有关 FREQUENCY( )函数的帮助信息,如图 4-64 所示。

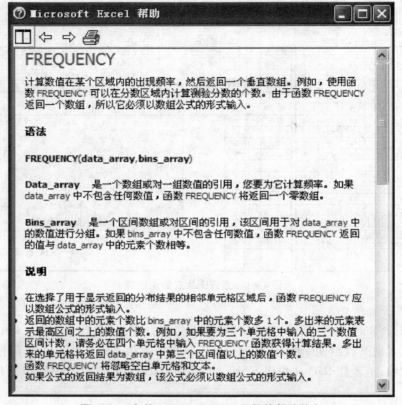

图 4-64　有关 FREQUENCY( )函数的帮助信息

（2）NORMDIST( )函数。

运用同样的方法,得到有关 NORMDIST( )函数的帮助信息,如图 4-65 所示。

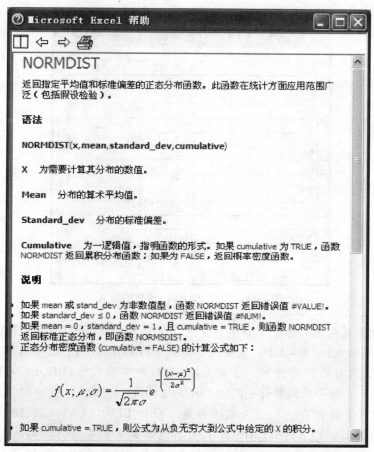

图 4-65　有关 NORMDIST( ) 函数的帮助信息

（3）利用函数作直方图和正态分布图。

等到 Rachel 通过"Microsoft Excel 帮助"掌握了 FREQUENCY( ) 函数和 NORMDIST( ) 函数的相关知识，笔者开始给他介绍运用这 2 个函数作直方图和正态分布图的方法。

① 填写原始记录数据，计算或填写关键数据，计算组距与作图组数，确定直方图分组数据，这些步骤与 4.4.3 第 1 节（利用"数据分析"作直方图）中的方法相同。

② 全部选中分组数据所在单元格（H9～H21）对应的右侧单元格（I9～I21），如图 4-66 所示。在直方图的第一个单元格（I9）中输入公式 = FREQUENCY（A2：E21，H9：H21），其中"A2：E21"为原始记录数据区域，"H9：H21"为直方图分组数据区域。

I9 　　{=FREQUENCY(A2:E21,H9:H21)}

	G	H	I
7		四：直方图与正态分布图数据	
8	序号	分组数据	直方图
9	1	7.5	0
10	2	12.5	0
11	3	17.5	1
12	4	22.5	7
13	5	27.5	4
14	6	32.5	13
15	7	37.5	19
16	8	42.5	29
17	9	47.5	16
18	10	52.5	10
19	11	57.5	1
20	12	62.5	0
21	13	67.5	0

图 4-66　REQUENCY( ) 函数的输入

　　注意：前面虽然全部选中了分组数据所在单元格（H9～H21）对应的右侧直方图频率数据单元格（I9～I21），也输入了公式 = FREQUENCY(A2:E21,H9:H21)，但是，此时，只有直方图的第一个单元格（I9）中有公式 = FREQUENCY(A2:E21,H9:H21)。接下来的操作：按下〈Ctrl〉+〈Shift〉+〈Enter〉组合键，单元格（I9～I21）中就全部有了公式，且公式不再是 = FREQUENCY(A2:E21,H9:H21)，而是｛= FREQUENCY(A2:E21,H9:H21)｝。这时候光标在直方图的单元格中时，会发现编辑框中显示公式被一个｛｝括起来，这表示这个公式应用到了一个数组中，这个是制作直方图的关键。此时，要想删除单元格（I9～I21）的部分单元格是做不到的，因为系统把含有公式的数组看成一个整体。除非整体选中单元格（I9～I21），再删除，才能奏效。这样，分组数据对应的频率就统计好了。

　　③ NORMDIST 函数，也是一个数组函数，如图 4-67 所示，但是使用方法与上面直方图的公式有区别：在正态分布图的第一个单元格，也就是 J9 单元格输入公式 = NORMDIST(H9, \$ H \$ 3, \$ J \$ 5,0)。公式中各参数含义如下：

- 第一个数据 H9 是分组数据的第一个数。
- 第二个数据 \$ H \$ 3 是绝对引用了平均值。
- 第三个数据 \$ J \$ 5 是绝对引用了标准偏差。
- 第四个填写"0"即可。

将光标置于右下角,从 J9 单元格一直拖到 J21 单元格。这样,分组数据对应的概率就统计好了。

J9	▼	fx	=NORMDIST(H9,$H$3,$J$5,0)

直方图与正态分布图.xls

	G	H	I	J	K
7	四:直方图与正态分布图数据				
8	序号	分组数据	直方图	正态分布图	
9	1	7.5	0	7.70207E-05	
10	2	12.5	0	0.000552202	
11	3	17.5	1	0.002764335	
12	4	22.5	7	0.00966242	
13	5	27.5	4	0.023582166	
14	6	32.5	13	0.040186849	
15	7	37.5	19	0.047817486	
16	8	42.5	29	0.039727573	
17	9	47.5	16	0.023046228	
18	10	52.5	10	0.009334911	
19	11	57.5	1	0.002640116	
20	12	62.5	0	0.000521361	
21	13	67.5	0	7.1888E-05	

函数作直方图和正态分布图

图 4-67　NORMDIST( )函数的输入

④ 选中直方图、正态分布图名称和数据区域(I8:J21),如图 4-68 所示,单击图表向导,选择"自定义类型"中的"两轴线-柱图",连续单击三次"下一步"按钮。

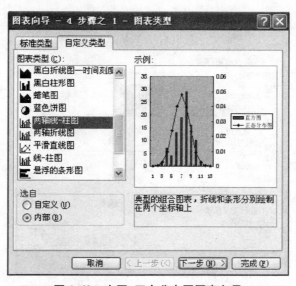

图 4-68　方图、正态分布图图表向导

⑤ 选中直方图的柱形,如图 4-69 所示,单击鼠标右键,选中"数据系列格式",将"选项"中"分类间距"的"150"调整为"0"(参见图 4-60)。

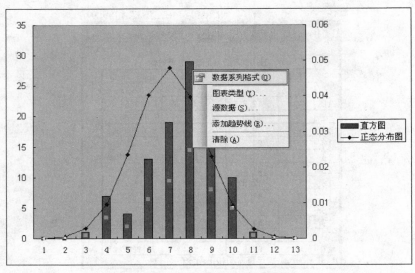

图 4-69　调整直方图"分类间距"为"0"

⑥ 选中正态分布图的折线图形,单击鼠标右键,在弹出的快捷菜单中选择"图表类型"→"折线图",选中"子图表类型"中不带点且曲线比较圆滑的折线类型,如图 4-70 所示。

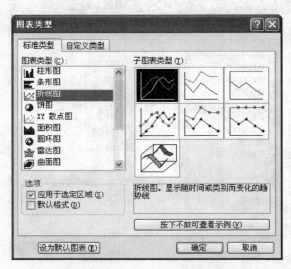

图 4-70　选中不带"点"且曲线比较圆滑的折线类型

于是便得到了直方图、正态分布图在 Excel 中同时绘制完成的效果,如图 4-71 所示,但 X 轴坐标是序号 1～13,而不是分组数据 7.5～67.5。

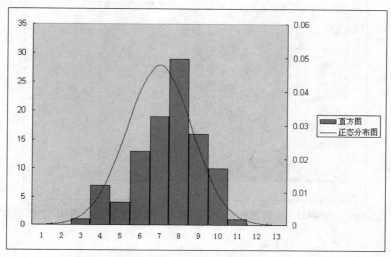

图 4-71 X 轴坐标是序号的直方图和正态分布图

⑦ 选中直方图的柱形,单击鼠标右键,选中"源数据",在弹出的"源数据"对话框中选择"系列"选项卡,在"分类(X)轴标志"右侧选择分组数据区(= ＄H＄9:＄H＄21),如图 4-72 所示,单击"确定"按钮。

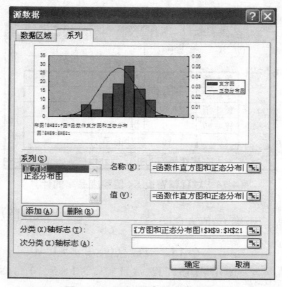

图 4-72 添加分类(X)轴标志

这样,便得到了如图 4-73 所示 X 轴坐标是分组数据的直方图和正态分布图。

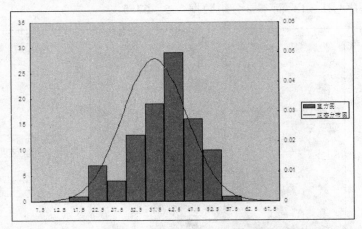

图 4-73　X 轴坐标是分组数据的直方图和正态分布图

3. 过程能力参数 C_P和废品率

又过了两天,Rachel 问了第三个问题:已知规格上、下限,怎样通过原始记录数据的样本推断出现有加工水平下的过程精密度 C_P值和废品率?

笔者的解答:比如前两天讲的"利用函数作直方图和正态分布图"的例子(如图 4-74),只要在"关键数据"区域填上 C_P和废品率的计算公式即可。

	G	H	I	J
2	最大值	53.00	规格上限	65
3	平均值	37.42	规格中值	37.5
4	最小值	17.00	规格下限	10
5	样本数	100	标准偏差	8.34
6	C_P	1.10	废品率	0.10%

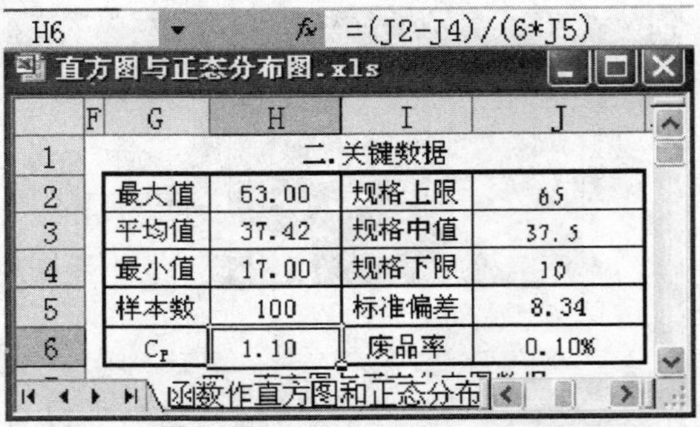

图 4-74　过程精密度 C_P 值和废品率的计算

单元格 H6 = 过程精密度 C_P值 $= C_F = \frac{T}{6S} = \frac{S_U - S_L}{6S} = \frac{(\text{上限规格}) - (\text{下限规格})}{6 \times (\text{标准偏差})}$

$= (J2 - J4)/(6 \times J5) = 1.10$。

单元格 J6 = 废品率 = 1-NORMDIST(J2, $H$3, $J$5,1) + NORMDIST(J4, $H$3, $J$5,1) = 0.10%。

看到 Rachel 对废品率的计算公式不太理解,笔者又对他作了详细解读。

函数 NORMDIST(x,mean,standard_dev,cumulative):

当 cumulative 为 FALSE 或 0 时,返回概率密度函数,所以用它绘制正态分布图;

当 cumulative 为 TRUE 或 1 时,函数 NORMDIST 返回累积分布函数,可用它计算废品率。

公差上限以内的概率为 NORMDIST(J2,$H$3,$J$5,1)。其中,第一个数据"J2"是公差上限;第二个数据"$H$3"是绝对引用了平均值;第三个数据"$J$5"是绝对引用了标准偏差;第四个填写"1"即可。

由于正态分布图下面的面积总和为 1,则公差上限(J2)以外的废品率为 1 – NORMDIST(J2,$H$3,$J$5,1);公差下限(J4)以内的概率为 NORMDIST(J4,$H$3,$J$5,1),则公差上下限以外的废品率为 NORMDIST(J4,$H$3,$J$5,1)。

所以,公差上下限以外的概率,即此例的废品率 = 1 – NORMDIST(J2,$H$3,$J$5,1) + NORMDIST(J4,$H$3,$J$5,1) = 0.10%。

结合前面所讲有关知识,可以判定:此例,$C_P = 1.10$,$1.33 > C_P \geq 1.00$,废品率 = 0.10%。必须有所改进,使过程保持于控制状态,否则产品随时有发生不合格品的危险,要警惕。

4. 在直方图和正态分布图中增加规格

为了使直方图和正态分布图看起来更加直观,Rachel 又来请教笔者第四个问题:怎样在直方图和正态分布图中增加规格界限?

为了让 Rachel 自己思考问题,笔者没有马上教他,而是反问他:"你自己试着在直方图和正态分布图上添加过规格界限吗?"

Rachel 说:"试过了,用散点图画的,可是规格界限值在 X 轴的位置总是不对,不知道问题出在哪里!"

"上次教你绘制直方图和正态分布图,先绘制了一个 X 轴坐标是序号(1 ~ 13)的直方图和正态分布图;接着,又通过添加'分类(X)轴标志'的方式得到了 X 轴坐标是'分组数据'(7.5 ~ 67.5)的直方图和正态分布图。"笔者试着引导 Rachel。

"你说这些,与界限值在 X 轴的位置有关系吗?"Rachel 还是不解。

"规格界限值在 X 轴的位置上真正起作用的不是'分组数据'本身,而是'分组数据'对应的'序号'。'分组数据'(7.5 ~ 67.5)只是'分类(X)轴标志'而已,真正决定(7.5 ~ 67.5)在 X 轴上位置的是其对应的序号(1 ~ 13)。"笔者只好把关键点说透。

"你的意思是用散点图画在直方图和正态分布图上划界限时,必须找到界限值对应的序号值?"Rachel 总算开窍了。

"对!"笔者肯定了他。

"可怎么才能得到界限值对应的序号值呢?"Rachel 又不知道了。

　　"好比一道应用题：已知两条线段，一条线段（名称为'序号'）的起点是 1，终点是 13；另一条线段（名称为'分组数据'）的起点是 7.5，终点是 67.5。问：知道'分组数据'线段上的某一点（界限值），怎样求出'序号'线段上的对应点（序号值）？"笔者循循善诱到了极点！

　　"好像用方程可以解。"Rachel 好像开了窍。

　　"Excel 中有一个函数，叫 TREND( ) 函数，它返回的是一条线性回归拟合线的值，你先自学 TREND( ) 函数，再教你。"笔者答。

　　Rachel 运用 Excel 帮助得到了有关 TREND( ) 函数的信息，如图 4-75 所示。

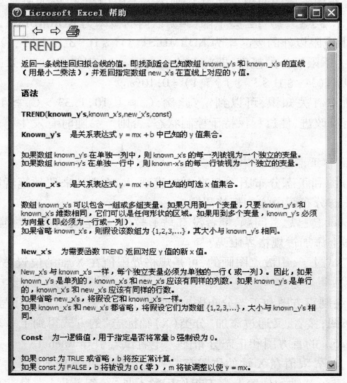

图 4-75　有关 TREND( ) 函数的帮助信息

　　Rachel 学完 TREND( ) 函数，笔者开始介绍在直方图和正态分布图中增加界限的步骤：

　　（1）还是沿用 4.4.3 章第 2 节中的例子，如图 4-76 所示，在表格中填好"分组数据"（7.5 ~ 67.5）及其对应的序号（1 ~ 13）的起点和终点。

图 4-76 "分组数据"及其对应序号的起点和终点对应表

（2）在表格中依次输入各界限值（−3δ、−2δ、−δ、平均值、δ、2δ、3δ、规格上限、规格中值、规格下限）的分组数据及其 X 轴序号对应值、Y 轴坐标值的计算公式，如图 4-77 所示。其中，分组数据值中，"$ H $ 3"为平均值，"$ J $ 5"为标准偏差；X 轴序号对应值中，单元格 N12 = TREND（N $ 9：O $ 9，N $ 8：O $ 8，M12），其中的"N $ 9：O $ 9"是关系表达式（y = mx + b）中已知的 y 值集合，即 X 轴序号对应值；"N $ 8：O $ 8"是关系表达式（y = mx + b）中已知的可选 x 值集合，即 X 轴分组数据；"M12"为指定数组 x 值。其实，Y 轴坐标值可以指定为固定的某一数值。这里，将平均值、规格上限、规格中值、规格下限的 Y 轴坐标值设置为直方图频率最大值（即 MAX（I：I）），其他值（包括 δ、δ、−2δ、2δ、−3δ、3δ）越是远离平均值，便越小，且呈等差递减。如图 4-78 所示，为各界限值的 X 轴分组数据及其序号对应值、Y 轴坐标值的计算结果。

图 4-77 界限数据的计算公式

直方图与正态分布图

	L	M	N	O
10	六：界限数据			
11	界限名称	X轴分组数据	X轴序号对应值	Y轴坐标值
12	-3δ	12.39	1.978	14
13	-2δ	20.73	3.647	19
14	-δ	29.08	5.315	24
15	平均值	37.42	6.984	29
16	δ	45.76	8.653	24
17	2δ	54.11	10.321	19
18	3δ	62.45	11.990	14
19	规格上限	65	12.500	29
20	规格中值	38	7.000	29
21	规格下限	10	1.500	29

函数作直方图和正态分布图

图 4-78　界限数据的计算结果

（3）选中直方图的柱形，如图 4-79 所示，单击鼠标右键，在弹出的快捷菜单中选择"源数据"，选中"源数据"对话框中的"系列"选项卡，单击"添加"按钮，在"名称"文本框中输入"δ 界限"，选择"值"为" = 函数作直方图和正态分布图！＄Ｈ＄9：＄Ｈ＄21"，单击"确定"按钮。

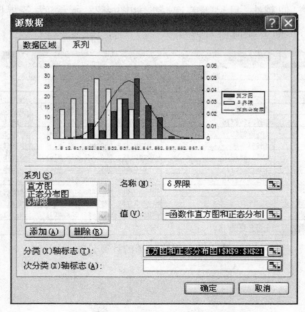

图 4-79　添加 δ 界限 Y 坐标值

（4）系统生成 δ 界限为柱形图，如图 4-80 所示。选中 δ 界限柱形图，单击鼠标右键，选择快捷菜单中的"图表类型"命令。

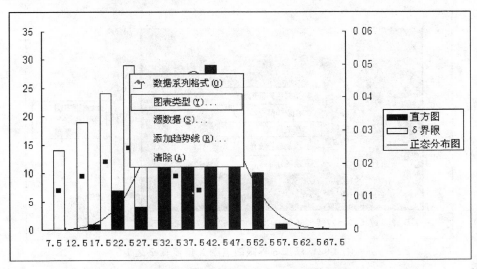

图 4-80　改变 δ 界限图表类型为散点图步骤-2 之 1

（5）在弹出的"图表类型"对话框中选择"图表类型"为"XY 散点图"中的第一种类型，如图 4-81 所示。

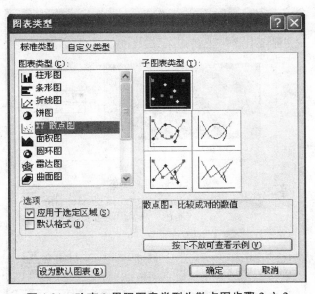

图 4-81　改变 δ 界限图表类型为散点图步骤-2 之 2

（6）系统生成 δ 界限散点图，如图 4-82 所示，选中 δ 界限散点图，单击鼠标右键，在弹出的快捷菜单中选择"源数据"命令。

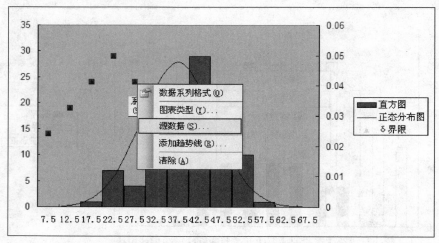

图 4-82 添加 δ 界限散点图 X 值步骤-2 之 1

（7）在弹出的"源数据"对话框中选择"系列"选项卡，选中"系列"列表框中的"δ 界限"，如图 4-83 所示，在其"X 值"文本框中选中"＝函数作直方图和正态分布图！＄N ＄12：＄N ＄18"区域，单击"确定"按钮。

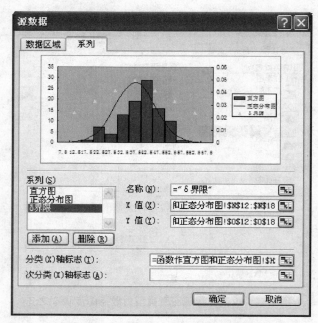

图 4-83 添加 δ 界限散点图 X 值步骤-2 之 2

（8）再次选中 δ 界限散点图，双击鼠标左键，系统弹出如图 4-84 所示"数据系列格式"对话框，选择"误差线 Y"选项卡，"显示方式"选择"负偏差"，"误差量百分比"选择"100%"，单击"确定"按钮。

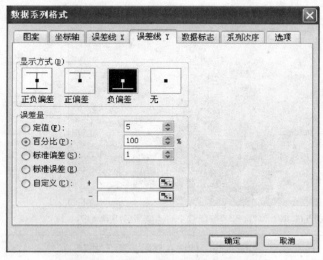

图 4-84　选择 δ 界限散点图误差线 Y

（9）选择"数据标志"选项卡，如图 4-85 所示，"数据标签包括"中选择"系列名称"复选框，单击"确定"按钮。

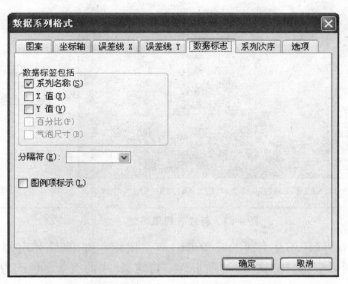

图 4-85　标注 δ 界限步骤-3 之 1

163

（10）图上添加上了 δ 界限（δ 界限的 X 轴坐标正态分布），如图 4-86 所示，每个界限上面有一个小三角形箭头（注：可以通过选择"图案"→"数据标记"→"样式"命令，变成其他形状），"数据标签"全部为"δ 界限"。

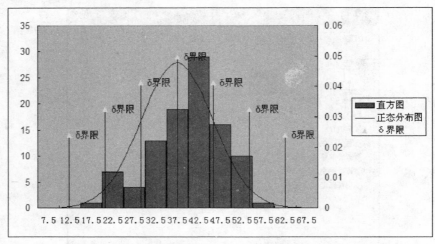

图 4-86　标注 δ 界限步骤-3 之 2

（11）双击选中，修改各个"数据标签"，如图 4-87 所示。

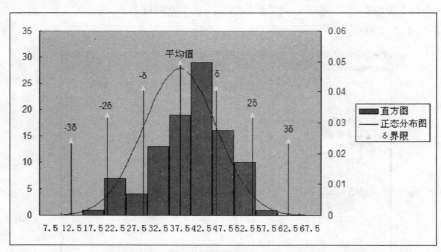

图 4-87　标注 δ 界限步骤-3 之 3

（12）选中 δ 界限（不是上面的三角形），双击鼠标左键，系统弹出如图 4-88 所示的"误差线格式"对话框，选择"图案"选项卡，将"自定义"中的线条颜色选为绿色。

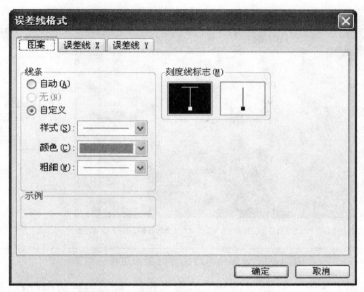

图 4-88 选择 δ 界限颜色步骤-2 之 1

δ 界限颜色变成绿色,如图 4-89 所示,图表显得很漂亮。

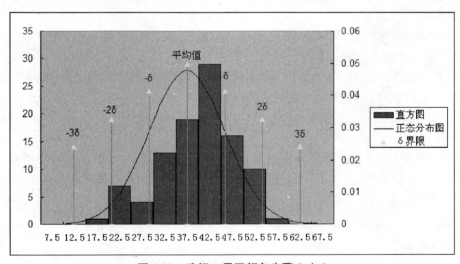

图 4-89 选择 δ 界限颜色步骤-2 之 2

(13)用同样的方法,将规格上限、规格中值、规格下限添加在图上,便完成了在直方图和正态分布图中增加规格界限的任务,如图 4-90 所示。

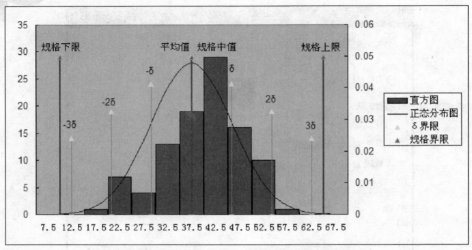

图 4-90　含规格界限的直方图和正态分布图

到此,便得到了如图 4-91 所示的从原始积累开始,经过各种数据处理,最后得到包含直方图、正态分布图及其规格界限在内的完整报告。

这份报告由七个部分组成:

● 原始记录数据。

● 关键数据:最大值、平均值、最小值、样本数、规格上限、规格中值、规格下限、标准偏差、过程能力指数 C_p、废品率。

● 组距与柱数。包括:样本区间、样本柱数、样本组距、圆整组距、作图最大值、作图最小值、作图区间、作图柱数。

　　📖　注意:作图时,组距采用经样本组距圆整后得到的组距。由于在范围上要包含规格上限和规格下限,作图区间范围大于样本区间范围,实际采用的"作图柱数"大于"样本柱数"。

● 直方图与正态分布图数据。

● 分组数据及其序号"对应值"的起点和终点。

● 界限数据。

● 包含了直方图、正态分布图、规格界限和 δ 界限的图形。

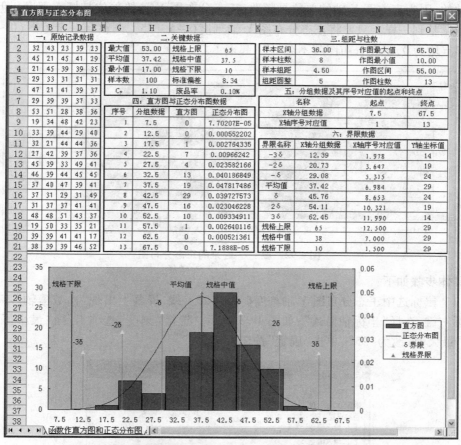

图 4-91　直方图和正态分布图及其规格界限的完整报告

　　Rachel 学会了利用 Excel 制作直方图和正态分布图,想起质量部经理 Rolland 对他的交代:万一没有时间到供应商处使用控制图控制产品质量,便教会供应商的员工使用控制图,自己则利用直方图和正态分布图对供应商提供的数据从另外角度加以验证。

　　Rachel 用直方图和正态分布图验证如图 4-30、图 4-31 所示控制图时,发现正态分布图形离 X 轴线一段距离(如图 4-92),好像正态分布图要飞起来了,感觉很奇怪,就来请教笔者。

　　笔者告诉他:"Excel 生成直方图和正态分布图时,如果图表类型采用'二轴线-柱图','二轴线'便指的是 2 个 Y 轴:一个是左边'数值轴'(0 ~ 60),指的是直方图的 X 轴分组数据对应的频数值;另一个是右边'次数值轴'(-5 ~ 25),指的是正态分布图的 X 轴分组数据对应的概率密度值。X 轴分组数据是一样的(1.11 ~ 1.29),Y 轴数值不一样是正常的,因为直方图 Y 轴的单位是频数;正态分布图 Y 轴的单位是概率密度。但可以将起点调整到一样。只要将正态分布图 Y 轴刻度(−5~25)调整到一定范围(0~25),Y 轴起点均为 0,正态分布图就不会'飞'起来了。"

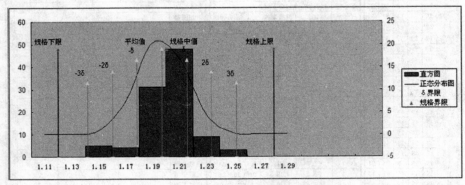

图 4-92 要"飞"起来的正态分布图

具体步骤如下:

(1)鼠标选中正态分布图 Y 轴刻度(−5~25)线,屏幕上出现"次数值轴"字样,单击鼠标右键,选择"坐标轴格式",如图 4-93 所示。选择"刻度"选项卡,把"最小值"改为"0","最大值"改为"25",单击"确定"按钮。

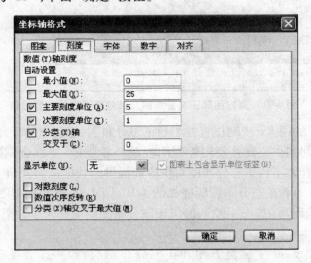

图 4-93 将正态分布图 Y 轴刻度(−5~25)调整到(0~25)

(2)"飞"起来的正态分布图就落了地,如图 4-94 所示。

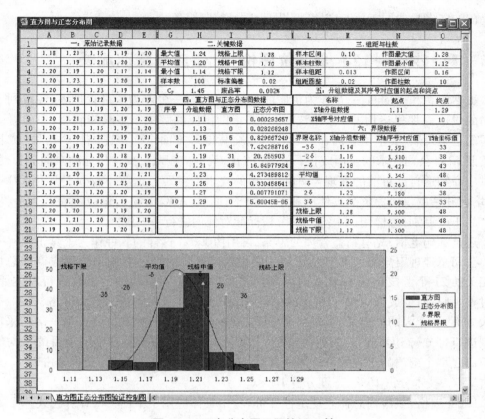

图 4-94　正态分布图无限接近 X 轴

　　Rachel 通过学习控制图、直方图和正态分布图,提高了自学质量工具和 Excel 的能力,对品管新旧七大手法中的其他手法也渐渐融会贯通。由于质量管理能力的不断提高,后来,Rolland 回国后被提升为质量部经理。

　　笔者和 Rachel 经常比较控制图、直方图和正态分布图,得出一些结论:

　　(1)控制图主要是通过设置控制上下控制界限,根据样本数据形成的样本点位置以及变化趋势进行分析和判断生产过程是否处于控制状态;重点在于这种控制过程与生产过程同步进行,具有预警作用。

　　(2)直方图主要是根据从生产过程中收集来的质量数据分布情况,画成以组距为底边、以频数为高度的一系列连接起来的直方型矩形图,通过观察图的形状,判断生产过程是否稳定,预测生产过程的质量;重点在于对后续生产过程的指导。

　　(3)正态分布图共用直方图的 X 轴分组数据,以概率密度数据为 Y 轴,对直方图的观测和数据计算有补充作用。

（4）三者异曲同工、相互补充，共同为质量控制服务。

4.5 【绝妙实例12】全方位评价，让供应商全面成长

虽然笔者和 Rachel，一个作为供应商采购管理者，一个作为质量管理者，经常到 ABC 公司的供应商那里运用 QC 七手法，培训并帮助供应商解决很多具体问题，但随着 ABC 公司的迅猛发展，要求供应商在质量、价格、交货期等方面全面快速成长。这种"成长"，是按照 ABC 公司要求的全面成长；不全面成长，就会被淘汰。要让供应商全面成长，就要让供应商知道自己目前的表现与 ABC 公司的要求的差距。这就不仅仅是运用 QC 七手法，培训并帮助供应商解决具体问题的事情了；而且，ABC 公司的供应商有几十个，供应的产品千差万别，怎样用一个统一的考核标准对他们进行考核呢？

还是那句老话，先有精益管理的思路，再用像 Excel 这样的软件作为工具予以解决。

公司总经理召集相关部门人员，采用"头脑风暴"的方法，罗列出与供应商的总体表现相关的 21 个考核要点，采用每月各部门打分的方法，对供应商的表现进行总体评价。经过整理归类，变成如图 4-95 所示的一张 Excel 表格。分为质量、交货、价格、技术、态度五大方面，每个大的方面又分 3 ~ 5 个小的方面，由相关部门独立打分。每个部门采用百分制进行打分（态度分中的两项为质量、交货、价格、技术中涉及态度的项目的平均值）；供应商在每个部门的得分数占总体评分有一定比例：质量分占 25%，交货分占 25%，价格分占 25%，技术分占 15%，态度分占 10%。

Excel 表格《供应商总体表现定性评价表》中具体应用了下面一些计算公式。

质量分：

D17 = IF(COUNT(D15,D13,D11,D9,D7) = 0,"N/A",SUM(D15,D13,D11,D9,D7) / COUNT(D15,D13,D11,D9,D7))。

交货分：

D31 = IF(COUNT(D29,D27,D25,D23,D21) = 0,"N/A",SUM(D29,D27,D25,D23,D21) / COUNT(D29,D27,D25,D23,D21))。

价格分：

D43 = IF(COUNT(D41,D39,D37,D35) = 0,"N/A",SUM(D41,D39,D37,D35) / COUNT(D41,D39,D37,D35))。

技术分：

D55 = IF(COUNT(D53,D51,D49,D47) = 0,"N/A",SUM(D53,D51,D49,D47) / COUNT(D53,D51,D49,D47))。

供应商评分表

	A	B	C	D	E
1		ABC公司2010年 月供应商评分表			
2	供应商:xxx电机有限公司				
3			比例	得分	评价部门
5	质量				
7	1	所提供的零部件/原材料100%符合规定要求		80	质量部
9	2	质量稳定及工艺,图纸控制,执行情况		100	质量部
11	3	对质量问题及所要求采取的纠正措施能及时有效地予以防范和执行		80	质量部
13	4	支持质量提高活动		100	质量部
15	5	质量认证情况		100	质量部
17		建议：	25%	92.0	
19	交货				
21	6	准时交货		80	采购部
23	7	及时坦诚的沟通		100	采购部
25	8	对材料和/或计划的更改予以及时的响应		60	采购部
27	9	在交货出现问题能及时沟通		100	采购部
29	10	使用可接收的包装,产品标识和文件		80	采购部
31		建议：	25%	84.0	
33	价格				
35	11	有竞争力的价格		60	采购部
37	12	对降低成本/共同参与供应商管理提高程序的响应程度		100	采购部
39	13	降低成本		100	采购部
41	14	能对如何使包括单价在内的总体成本最小化提出建议		80	采购部
43		建议：	25%	85.0	
45	技术				
47	15	能和我们共同研制新产品		100	技术部
49	16	供应商是否能提供适时恰当的支持和技术协助		100.0	技术部
51	17	供应商是否有能力提供完整的产品性能测试和原料认证		80.0	技术部
53	18	供应商是否具备相应的技能,开发能力和设备来生产我们最新型的产品		80.0	技术部
55		建议：	15%	90.0	
57	态度				
59	19	供应商在与我们合作时有无持续改进的理念		100	13/37/47项平均分
61	20	问题的解决(能与其轻松合作,价格问题等)		85	11/23/25/49项平均分
63	21	有效防护我公司的资产和持续供货		100	财务部
65		建议：	10%	95.0	
67			总体分：	88.3	
68			等级：	Grade B	

xxx电机有限公司评分表

图 4-95　供应商总体表现定性评价表

态度分：

D65 = IF(COUNT(D63 , D61 , D59) = 0 ,"N/A",SUM (D63 , D61 , D59) /COUNT(D63 , D61 , D59) ）。

态度分中的“供应商在与我们合作时有无持续改进的理念”：

D59 = IF(COUNT(D13 , D37 , D47) = 0 ,"",ROUND(SUM(D13 , D37 , D47) /COUNT(D13 , D37 , D47) ,0)) 。

态度分中的“问题的解决(能与其轻松合作,价格问题等)”：

D61 = IF(COUNT(D11 , D23 , D25 , D49) = 0 ,"",ROUND(SUM(D11 , D23 , D25 , D49) /

COUNT(D11,D23,D25,D49),0))。

总体分：

D67 = ROUND(SUM(D17 * C17 + D31 * C31 + D43 * C43 + D55 * C55 + D65 * C65),1)。

等级分：

D68 = IF(D67 >= 90,"GradeA",IF(D67 >= 80,"GradeB",IF(D67 >= 70,"GradeC",IF(D67 < 70,"GradeD","N/A"))))。

通过这种打分方式，公司各部门对供应商齐抓共管。打完分后，各部门还要每月定期与供应商沟通，让供应商知道自己目前的表现与 ABC 公司的要求的差距。

一年后，ABC 公司的供应商大多有了全方位的进步，ABC 公司的业绩当然也是突飞猛进！

4.6 习题与练习

1. 概念题。

（1）简述精益质量管理主要有哪些手法。

（2）简述控制图、直方图和正态分布图三者的特点和联系。

2. 操作题。

（1）结合实际，统计影响某一具体质量问题的各种因数，用 Excel 作排列图。

（2）深入加工车间现场，对某一批量加工零件的关键尺寸做跟踪纪录，用 Excel 作控制图，计算出 C_a、C_p、C_pk 值；结合控制图上各"点"的变化规律，对该零件的加工作系统评价，并制定改进措施。

（3）结合实际，绘制 Excel 表格，从产品质量、价格、及时交货、合作态度等方面，对您所在公司的供应商进行全方位评价、跟进、改进。

3. 扩展阅读。

阅读与精益质量管理七大手法相关的专业书籍。

第 5 章

精益人事篇

本　章　要　点

☞ **热点问题聚焦**

1. 精益生产的关键是什么？

2. 您听说过"九型人格论"吗？

3. 性格与岗位不匹配，对工作有哪些不良影响？

4. 怎样快速准确地测试员工的性格，并将其匹配到与性格相适宜的岗位上去？

5. 何谓价值倾向？如何使用价值倾向测试关键人才所思所想？

☞ **精益管理透视**

"九型人格论"、"价值倾向测试理论"等。

☞ **Excel 原理剖析**

COUNTIF( )函数、INDIRECT( )函数、MATCH( )函数、LARGE( )函数、超链接、单元格锁定与隐藏、保护工作表、SUM( )函数、IF( )函数、图表功能、条件格式、工作表保护等。

☞ **研读目的举要**

1. 懂得精益生产的关键是将合适的人匹配到合适的岗位上去，打造与精益生产相适应的组织系统。

2. 掌握"九型人格论"，并掌握使用 Excel 版"九型人格论"测试，在招聘工作和员工管理工作中测试员工性格。

3.掌握"价值倾向论",并掌握使用 Excel 版"价值倾向"测试,在对高层次员工的管理中做到知人知心、留人留心、用人用心!

☞ 经典妙联归纳

人海茫茫　"九型人格"测出合适人
一将难求　"价值倾向"体察将才心

5.1 精益生产的关键:人才与岗位匹配

企业竞争究竟是什么的竞争?所有的管理模式和理念要落实到位,归根到底都需要得到由人组成的组织系统的支撑。说到底,企业竞争是组织系统的竞争。

什么是组织系统?

简单来说,组织系统就是管人的系统,包括招聘、薪酬、绩效考核、职业规划、培训等内容。优秀的组织系统,就是让人的潜力(特别是智力)发挥到极致的体系,会给员工最大的驱动力、最小的阻力,能发挥出人力资源的最高价值。组建好的组织系统,关键是选择合适的人,匹配到合适的岗位,对其加以帮助和激励。

所谓合适的人,就是在某一方面(企业需要的方面)有天赋、有合适的性格和价值倾向的人。招聘是选择合适的人的第一道关口。面对一个陌生人,怎样知道他(她)是合适的人呢?除了进行专业知识等方面的面试外,目前最流行的方法就是要对被聘人员进行性格测试。性格测试的方法很多,目前实用的当数"九型人格论"。

5.2 "九型人格论"简介

九型人格论把人格清晰简洁地分成九种类型,每种类型都有其鲜明的人格特征。九型人格论所描述的九种人格类型并没有好坏之别,只不过不同类型的人回应世界的方式具有可被辨识的根本差异。九型人格是一张详尽描绘人类性格特征的活地图,是我们了解自己、认识和理解他人的一把金钥匙,是一件与人沟通、有效交流的利器!

九型人格论是一门讲求实践效益的学科,属人格心理学范畴,是应用心理学中的一种。其应用范围广泛,有助于个人成长、企业管理及人际沟通和关系处理,特别适用于企事业单位在人员招聘、组织构建、团队沟通过程中,作为评价人员性格的工具,近年来更扩展至夫妻相处、子女教育及亲子关系等方面。

如今九型人格论被广泛推广到制造业、服务业、金融业等多个领域,在促进团队协作表现、提升销售业绩、有效沟通等方面都有非凡的表现。如今更被全球大部分先进国家和商业机构(如通用汽车、惠普计算机、可口可乐、Nokia 等)广泛应用,全球 500 强企业的管理阶层均有研习九型性格,并以此培训员工,帮助建立团队、促进沟通、提升领导力、增强执行力等多方面的综合能力的提高。九型人格能够帮助读者深入了解自己和他人,是一个易学易懂的管理工具。

5.3　【绝妙实例13】"性格"与"岗位"

ABC 公司前段时间发生一些事情,让总经理很不开心:

某批产品有一小缺陷,新招进来的"资深"检验员认为不影响使用,便自己做主将该产品放行,结果造成重大质量事故。

总经理因为日理万机,便新设了一个办公室主任职位。该主任经常对总经理的决定私底下不以为然,拖延执行,甚至当面顶嘴。

新招的销售人员中,居然有人经常爱挑客户的毛病,导致该客户对 ABC 公司的产品购买量剧减。

总经理将这些事情连在一起思考,发现这些当事人都是从竞争对手处得到的"资深"员工。于是,总经理找人事部经理谈话,告诉她最近招聘的人员有问题,没有把好关。

人事部经理觉得很冤枉,因为新聘人员在业务、专业、资历上,均经过相关部门经理的把关。新设办公室主任还是总经理亲自把的关。

后来,在一次高级人事培训课上,总经理向培训专家请教后才知道:合适的人员不仅要业务、专业、资历等方面与岗位相匹配,更要在性格上与岗位相匹配。招聘人员前要运用"九型人格测试法"对应聘人员进行性格测试。

ABC 公司人事部通过学习试用"九型人格测试法"软件,对上述"与岗位不匹配"的"资深"员工进行性格测试,结果发现:

造成重大质量事故的"资深"检验员的主要性格特性是"助人型",而与检验员相匹配的主要性格特性应为"完美型"。因为"完美型"的人天生爱挑毛病,而"助人型"的人恰恰相反!

新设办公室主任的主要性格特性是"领袖型",而与办公室主任相匹配的主要性格特性应为"忠诚型"。因为"忠诚型"的人对总经理会忠诚顺从,而"领袖型"的人却往往自作主张!

常爱挑客户毛病的销售员的主要性格特性是"完美型",而与销售员相匹配的主要性格特性应为"助人型"。因为"助人型"的人天生会处处为客户着想,而"完美型"的人却恰恰相反!

笔者受总经理之托,接受了"九型人格测试"的专家培训,并将其进行了 Excel 化处理,使其对新员工的性格测试变得更加简单、方便,从而极大地方便了人事部门的招聘工作。

本书附录中有九型人格中九种典型人格的介绍,供大家参考。

下面介绍 Excel 版"九型人格测试"程序步骤。

(1) 打印如表 5-1 所示表格,让被测试者心情平和地认真填写:适合的填"Y",不适合的填"N";觉得都不十分适合,比较一下,填上更适合自己的"Y"或"N"。

表 5-1 九型人格测试表

题号	测试内容	Y/N
1	我很容易迷惑。	
2	我不想成为一个喜欢批评的人,但很难做到。	
3	我喜欢研究宇宙的道理、哲理。	
4	我很注意自己是否年轻,因为那是找乐子的本钱。	
5	我喜欢独立自主,一切都靠自己。	
6	当我有困难时,我会试着不让人知道。	
7	被人误解对我而言是一件十分痛苦的事。	
8	"施"比"受"会给我更大的满足感。	
9	我常常设想最糟的结果而使自己陷入苦恼中。	
10	我常常试探或考验朋友、伴侣的忠诚。	

(2) 将被测试者所填"Y"或"N"填写到工作表"九型人格测试题"C 列对应的单元格中,如图 5-1 所示,其中,E 列单元格中数值 1~9 是每道题目对应的性格类型代号。D 列各单元格的值是一个条件选择项,如果对应的 C 列单元格填的是"Y",则 D 列单元格的值 = E 列单元格的值;否则,D 列单元格的值 = "空白"。这里运用一个函数公式,比如 D2 = IF(C2 = "Y",E2,"")。D 列其他单元格依此类推。

	A	B	C	D	E
1	题号	测试内容	Y/N	对应	类型
47	46	我常常保持警觉	N		6
48	47	我不喜欢要对人尽义务的感觉	Y	5	5
49	48	如果不能完美的表态，我宁愿不说	Y	5	5
50	49	我的计划比我实际完成的还要多	Y	7	7
51	50	我野心勃勃，喜欢挑战和登上高峰的经验	N		8
52	51	我倾向于独断专行并自己解决问题	N		5
53	52	我很多时候感到被遗弃	N		4
54	53	我常常表现得十分忧郁的样子，充满痛苦而且内向	N		4
55	54	初见陌生人时，我会表现得很冷漠，高傲	Y	4	4
56	55	我的面部表情严肃而生硬	N		1
57	56	我很飘忽，常常不知自己下一刻想要什么	Y	4	4
58	57	我常对自己挑剔，期望不断改善自己的缺点，以成为一个完美的人	N		1
59	58	我感受特别深刻，并怀疑那些总是很快乐的人	N		4
60	59	我做事有效率，也会找捷径，模仿力持强	N		3
61	60	我讲理，重实用	N		1
62	61	我有很强的创造天分和想象力，喜欢将事情重新整合	N		4
63	62	我不要求得到太多的注意力	Y	9	9
64	63	我喜欢每件事都井然有序，但别人会认为我过分执著	N		1
65	64	我渴望拥有完美的心灵伴侣	Y	4	4
66	65	我常夸耀自己，对自己的能力十分有信心	N		8
67	66	如果周遭的人行为太过分时，我准会让他难堪	N		8
68	67	我外向，精力充沛，喜欢不断追求成就，这使我的自我感觉十分良好	N		3
69	68	我是一位忠实的朋友和伙伴	Y	6	6
70	69	我知道如何让别人喜欢我	Y	2	2
71	70	我很少看到别人的功劳和好处	Y	3	3
72	71	我很容易知道别人的功劳和好处	N		2

图 5-1　九型人格测试表的 Excel 处理

（3）对被测试者的九型人格特性进行分类统计，如图 5-2 所示，其中，C 列对应的单元格统计的是对应性格类型被测试者选择"Y"的个数，这里运用了条件统计函数 COUNTIF( )。

　　条件统计函数 COUNTIF(range，criteria)。
　　　　range 为需要计算其中满足条件的单元格数目的单元格区域；criteria 为确定哪些单元格将被计算在内的条件，其形式可以为数字、表达式或文本。

本例中，单元格 C6 = COUNTIF(九型人格测试题！D $2：D $109，1)，单元格 C7 = COUNTIF(九型人格测试题！D $2：D $109，2)，C 列其他单元格依此类推。

177

ABC公司九型人格测试报告

姓名：	性别：	年龄：	应聘岗位：	日期：

性格代号	性格类型和基本特征	对应个数	类型总数	对应数/类型数	性格权重
1	完美型	6	14	0.43	9.2%
2	助人型	8	12	0.67	14.3%
3	成就型	1	12	0.08	1.8%
4	感觉型	5	12	0.42	8.9%
5				0.59	
6	忠诚型	6	11	0.55	11.7%
7	活跃型	5	9	0.56	11.9%
8	领袖型	6	12	0.50	10.7%
9	和平型	10	13	0.77	16.5%

图 5-2　九型人格分类统计

D 列对应的单元格统计的是对应性格类型测试题个数；也运用了"条件统计"函数 COUNTIF(range,criteria)，其中，单元格 D6 = COUNTIF(九型人格测试题!E\$2:E\$109，1)，单元格 D7 = COUNTIF(九型人格测试题!E\$2:E\$109，2)，D 列其他单元格依此类推。

E 列对应的单元格统计的是"对应性格类型被测试者选择'Y'的个数"占"对应性格类型测试题总个数"的比例，即单元格 E6 = C6/D6，E 列其他单元格依此类推。

F 列对应的单元格统计的是被测试者九型人格中每一种性格在全部性格中的权重（每个人不可能正好是纯粹的一种性格，一般是几种性格的综合体）。单元格 F6 = E6/SUM(E\$6:E\$14)，F 列其他单元格依此类推。

（4）根据步骤（3）的统计结果作柱状图，可得到如图 5-3 所示的性格权重柱状图。从表中可以直观地知道被测试者的九型人格中每一种性格在全部性格中的权重。

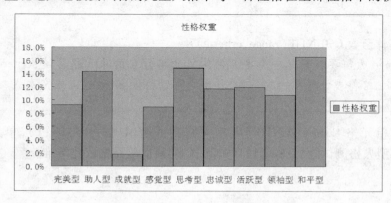

图 5-3　九型人格性格权重柱状图

（5）为进一步清楚地知道被测试者的九型人格中权重最大的三种性格类型，我们设计了一个套用函数来自动判定,如5-4所示。

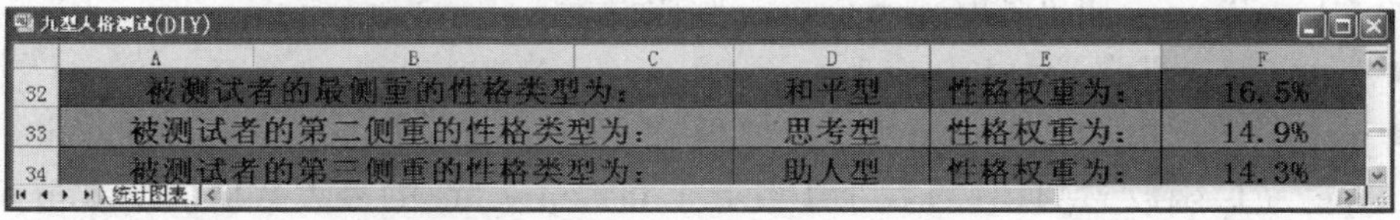

图5-4 被测试者最侧重的前三种性格类型

单元格 D32 = INDIRECT("B"&(MATCH(LARGE((F$6:F$14),1),F$6:F$14,0)+5)),判定的是"被测试者的最侧重的性格类型"。

单元格 F32 = INDIRECT("F"&(MATCH(LARGE((F$6:F$14),1),F$6:F$14,0)+5)),判定的是"被测试者的最侧重的性格类型的性格权重"。

单元格 D33 = INDIRECT("B"&(MATCH(LARGE((F$6:F$14),2),F$6:F$14,0)+5)),判定的是"被测试者的最第二侧重的性格类型"。

单元格 F33 = INDIRECT("F"&(MATCH(LARGE((F$6:F$14),2),F$6:F$14,0)+5)),判定的是"被测试者的第二侧重的性格类型的性格权重"。

单元格 D34 = INDIRECT("B"&(MATCH(LARGE((F$6:F$14),3),F$6:F$14,0)+5)),判定的是"被测试者的最第三侧重的性格类型"。

单元格 F34 = INDIRECT("F"&(MATCH(LARGE((F$6:F$14),3),F$6:F$14,0)+5)),判定的是"被测试者的第三侧重的性格类型的性格权重"。

这里套用了三个函数:LARGE( )、MATCH( )、INDIRECT( )。

① LARGE(array,k)函数。

● array 为需要从中选择第 k 最大值的数组或数据区域。

● k 为返回值在数组或数据单元格区域中的位置(从大到小排)。

如果数组为空,函数 LARGE 返回错误值#NUM!;如果 k≤0 或 k 大于数据点的个数,函数 LARGE 返回错误值#NUM!;如果区域中数据点的个数为n,则函数 LARGE(array,1)返回最大值,函数 LARGE(array,n)返回最小值。

本例中,LARGE((F$6:F$14),1)的含义是在单元格区域(F$6:F$14)寻找最大值;LARGE((F$6:F$14),2)的含义是在单元格区域(F$6:F$14)寻找第二大值;LARGE((F$6:F$14),3)的含义是在单元格区域(F$6:F$14)寻找第三大值。

② MATCH(lookup value,lookup array,match type)函数。

● lookup value 为需要在 look array 中查找的数值(数字、文本或逻辑值)或对数字、文本或逻辑值的单元格引用。

● lookup array 是可能包含所要查找的数值的连续单元格区域,为数组或数组引用。

● lookup array 可以按任何顺序排列。如果 match type 为 -1,函数 MATCH 查找大于

或等于 lookup value 的最小数值。Lookup array 必须按降序排列：TRUE，FALSE，Z-A，…；2，1，0，－1，－2，…。如果省略 match type，则假设为 1。

● match type 为数字 －1，0 或 1。

● match type 指明 Microsoft Excel 如何在 lookup array 中查找 lookup value。如果 match type 为 1，函数 MATCH 查找小于或等于 lookup value 的最大数值。Lookup array 必须按升序排列：…，－2，－1，0，1，2，…，A-Z，FALSE，TRUE。如果 match type 为 0，函数 MATCH 查找等于 lookup value 的第一个数值。

特别说明：函数 MATCH 返回 lookup array 中目标值的位置，而不是数值本身。

本例中，MATCH（LARGE（（F\$6:F\$14），1），F\$6:F\$14，0）+5））表示的含义是在单元格区域 F\$6:F\$14 里的最大值在单元格区域 F\$6:F\$14 中排列的位置数，再加 5，恰好等于这个"最大数"所在单元格的行数；MATCH（LARGE（（F\$6:F\$14），2），F\$6:F\$14，0）+5））表示的含义是在单元格区域 F\$6:F\$14 里的第二大值在单元格区域 F\$6:F\$14 中排列的位置数，再加 5，恰好等于这个"第二大数"所在单元格的行数；MATCH（LARGE（（F\$6:F\$14），3），F\$6:F\$14，0）+5）），所表示的含义是：在单元格区域 F\$6:F\$14 里的第三大值在单元格区域 F\$6:F\$14 中排列的位置数，再加 5，恰好等于这个"最三大数"所在单元格的行数。

特别说明：为什么都要"再加 5"？因为本例中单元格区域 F\$6:F\$14 是从第 6 行开始的，第 1 行到第 5 行得补上。

③ INDIRECT（ref text，a1）函数。

● ref text 为对单元格的引用，此单元格可以包含"a1"样式的引用、"R1C1"样式的引用、定义为引用的名称或对文本字符串单元格的引用。如果 ref text 不是合法的单元格的引用，则函数 INDIRECT 返回错误值#REF！。如果 ref text 是对另一个工作簿的引用（外部引用），则那个工作簿必须被打开。如果源工作簿没有打开，函数 INDIRECT 返回错误值#REF！。

● a1 为一逻辑值，指明包含在单元格 ref text 中的引用的类型。如果 a1 为 TRUE 或省略，ref text 被解释为"a1"样式的引用；如果 a1 为 FALSE，reftext 被解释为"R1C1"样式的引用。

本例中，单元格 D32 = INDIRECT（"B"&（MATCH（LARGE（（F\$6:F\$14），1），F\$6:F\$14，0）+5））的含义是：B 列某行（单元格区域 F\$6:F\$14 的最大值所在的"行数"）单元格的值为"和平型"。

单元格 F32 = INDIRECT（"F"&（MATCH（LARGE（（F\$6:F\$14），1），F\$6:F\$14，0）+5））的含义是：F 列某行（单元格区域 F\$6:F\$14 的最大值所在的"行数"）单元格的值为"16.5%"。

单元格 D33 = INDIRECT（"B"&（MATCH（LARGE（（F\$6:F\$14），2），F\$6:F\$14，0）

+5))的含义是:B 列某行(单元格区域 F$6:F$14 的第二大值所在的"行数")单元格的值为"思考型"。

　　单元格 F33 = INDIRECT("F"&(MATCH(LARGE((F$6:F$14),2),F$6:F$14,0)+5))的含义是:F 列某行(单元格区域 F$6:F$14 的第二大值所在的"行数")单元格的值为"14.9%"。

　　单元格 D34 = INDIRECT("B"&(MATCH(LARGE((F$6:F$14),3),F$6:F$14,0)+5))的含义是:B 列某行(单元格区域 F$6:F$14 的第三大值所在的"行数")单元格的值为"助人型"。

　　单元格 F34 = INDIRECT("F"&(MATCH(LARGE((F$6:F$14),3),F$6:F$14,0)+5))的含义是:F 列某行(单元格区域 F$6:F$14 的第三大值所在的"行数")单元格的值为"14.3%"。

　　(6) 事先将九型人格中的每一种性格的典型特征信息存储在对应的工作表中,运用"超链接"将图中的性格类型与对应的工作表连接起来。只要单击图中的性格类型所在单元格,系统就会自动弹出对应的工作表中详细的性格特征分析。

　　下面介绍"超链接"的设置步骤。

　　● 选择工作表"统计图表"中的单元格"B6",如图 5-5 所示,单击鼠标右键,选择"超链接"。

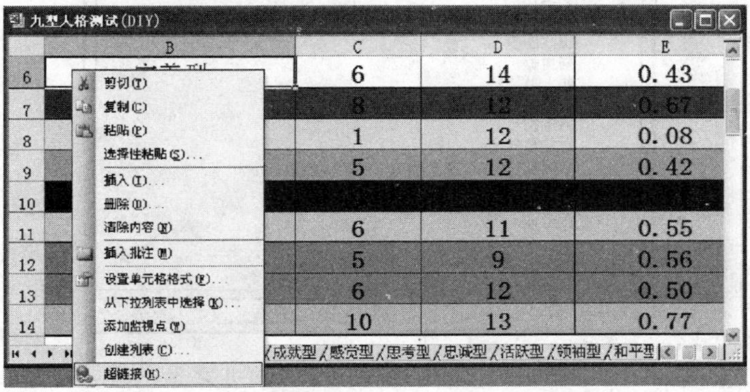

图 5-5　"超链接"的设置步骤-4 之 1

　　● 在"插入超链接"对话框中单击"书签"按钮,如图 5-6 所示。

图 5-6 "超链接"的设置步骤-4 之 2

● 在"在文档中选择位置"对话框中选择"单元格引用"中的"完美型",如图 5-7 所示。

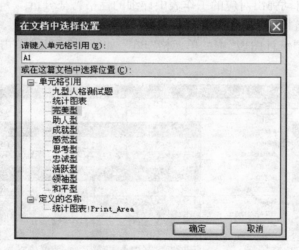

图 5-7 "超链接"的设置步骤-4 之 3

● 系统表明"超链接"的地址为工作表《完美型》的 A1 单元格,如图 5-8 所示,单击"确定"按钮,"超链接"便设置完毕。

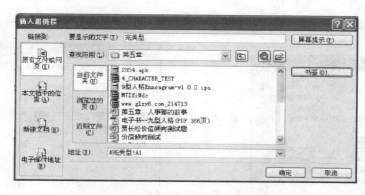

图 5-8 "超链接"的设置步骤-4 之 4

（7）为了保证使用过程中一些公式不被误操作，我们将此《九型人格测试（DIY）》中含公式的单元格进行保护和隐藏。比如对工作表"统计图表"中的含公式的单元格进行保护和隐藏。步骤如下：

● 将整个工作表选中后，选择"格式"菜单中的"单元格"（如图 5-9）。

● 选择"单元格格式"对话框中的"保护"选项卡，不选中"锁定"和"隐藏"复选框，单击"确定"按钮，如图 5-10 所示。

图 5-9 单元格数据保护和隐藏步骤-9 之 1

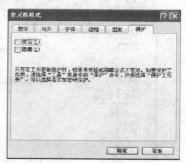

图 5-10 单元格数据保护和隐藏步骤-9 之 2

● 保持整个工作表被选中状态，同时按下〈Ctrl〉+〈G〉键，单击"定位条件"按钮（如图 5-11）。

● 在"定位条件"对话框中选中"公式"单选按钮，单击"确定"按钮（如图 5-12）。

● 保持包含公式的单元格被选中的状态，再选择"格式"菜单中的"单元格"，在"单元格格式"对话框中选择"保护"选项卡，选中"锁

图 5-11 单元格数据保护和隐藏步骤-9 之 3

定"和"隐藏"复选框,单击"确定"按钮(如图5-13)。

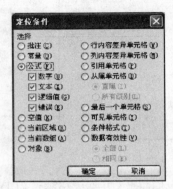
图5-12　单元格数据保护和隐藏步骤-9之4

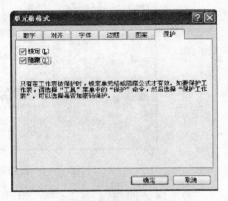
图5-13　单元格数据保护和隐藏步骤-9之5

● 输入密码,如图5-14所示,单击"确定"按钮(本例密码:123456)。

● 再次输入密码,如图5-15所示,单击"确定"按钮,存盘。到此,工作表"统计图表"中的含公式的单元格便得到了保护和隐藏。

图5-14　单元格数据保护和隐藏步骤-9之6

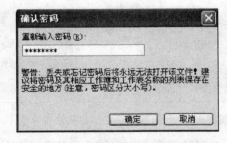
图5-15　单元格数据保护和隐藏步骤-9之7

● 要解除保护和隐藏,只需选择"工具"→"保护"→"撤销工作表保护"(如图5-16),输入设定的密码(如图5-17),包含公式的单元格之"保护和隐藏"被解除。

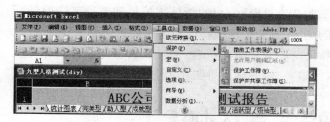
图 5-16　单元格数据保护和隐藏步骤-9 之 8

图 5-17　单元格数据保护和隐藏步骤-9 之 9

到此,一张完整的"九型人格"测试报告就完成了,如图 5-18 所示。

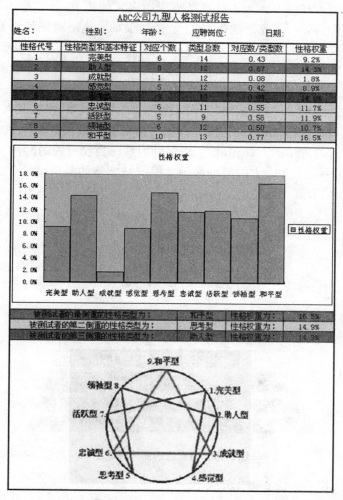

性格代号	性格类型和基本特征	对应个数	类型总数	对应数/类型数	性格权重
1	完美型	6	14	0.43	9.2%
2	助人型	8	12	0.67	14.3%
3	成就型	1	12	0.08	1.8%
4	感觉型	5	12	0.42	8.9%
5	思考型			0.99	14.9%
6	忠诚型	6	11	0.55	11.7%
7	活跃型	5	9	0.56	11.9%
8	领袖型	6	12	0.50	10.7%
9	和平型	10	13	0.77	16.5%

图 5-18　"九型人格"测试报告

后来,Excel 版的"九型人格"测试报告在 ABC 公司的新员工招聘和老员工岗位调配中发挥了重要作用。通过九型人格的测试,避免了性格特征与职业要求"背道而驰"的悲剧发生。同时涌现出一批不仅性格特征与职业要求相符合,而且又具备专业背景和资历的人才,从而使公司的人员招聘和人才培养、组织建设等工作走向了良性发展的轨道。

5.4 【绝妙实例14】"价值倾向"与"人才心思"

用"九型人格"测试法,找到性格特征与岗位要求相匹配的人,只是招聘工作的第一步。第二步就是用人和留人。人才特别是高素质人才的流失,是企业不可估量的损失。这表现在三个方面:第一,在充分就业的今天,企业很难快速招聘到其急需的人才;第二,新招来的人才需要一定的时间熟悉公司的环境和工作;第三,人才流动到竞争对手公司对自己是一个直接的威胁。为了避免人才流失带来的损失,各公司开始重视对员工的管理和激励。

那么,怎样才能留人? 如何做到"人岗匹配",即"人适其事,事宜其人"呢?

对一般员工而言,涨薪水是最直接的办法。但对于高素质人员来说,就不仅仅是涨薪水的事情。学过心理学的人都知道,钱是保健因素。当没有钱的时候,人会产生不满;但有了钱之后,又不会产生太大的激励作用。根据马斯洛的需求理论(如图 5-19),一般高素质人员有更高需求。

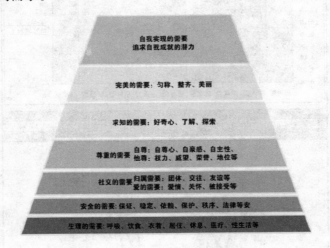

图 5-19　马斯洛的需求理论图

俗话说:留人留心。留心得先知人。

作为实行精益生产的企业,招聘到合适的人才后,还要对人才的才能、兴趣、价值倾向等有透彻的了解。只有这样,才能"投其所好",针对某项特定的工作选择适合的人选,让合适的人做合适的事,最终达到"人得其位、位得其人、人乐其事、人事相宜"的效果。

下面介绍一种用价值倾向测试人才心思的方法。

"价值倾向测试法"测试的是一个人在目前一段时间(约 2 年零 6 个月)内的价值倾向,主要表现在四个方面:

(1)大的方面,用来测试一个人在一定时间段内对财政、品味、生活的态度,哪方面更重视,更有需求。

(2)小的方面,用来测试一个人在一定时间段内对财富—薪金、健康—安全、享受—自由、工作—机会、权力—位置、创新—殊情、情感—恩德、尊重—荣誉等方面侧重的程度,哪方面更重视,更有需求。

(3)被测试的人在性格特征上属于四种类型(进攻型、乐观思考型、消极思考型、防守型)中的哪一类。

(4)被测试的人在思考问题的特性上是属于体察型(体察人事的能力强,遇事易妥协),还是属于自我型(习惯于自我思考,遇事容易固执),还是二者皆不是。

1. 价值倾向测试法的 Excel 化处理

笔者在实践中,对"价值倾向测试法"进行了"EXCEL"处理。步骤如下:

(1)在 Excel 工作表"价值倾向测试题"中输入如表 5-2 所示的测试题,让被测试的人对每道题目进行打分:完全认同打 2 分,完全不认同打 0 分,一般认同打 1 分。

表 5-2　价值倾向测试表

序号	项　　目	打分
1	我满脑子想创业并有所行动。	
2	我比较会理财,可以让钱生钱。	
3	我比其他同学或者朋友收入高。	
4	我对未来的事情分析非常准。	
5	我吃饭很在意营养,并且从来不多吃。	
6	我一天睡眠的时间不少于七个小时。	
7	我每周运动不少于两个小时。	
8	我可以为了身体停下工作。	
9	我没有手机简直不能生活。	
10	我用过很多时尚的品牌。	
11	我经常参加娱乐活动。	

（续表）

序号	项　　目	打分
12	我对度假与玩有兴趣。	
13	我想有更多的压力，只要事业可以更好。	
14	我想一生都不停止工作。	
15	我常常为公司的发展写下报告或者文字。	
16	我经常谈论我对公司发展的看法。	
17	我与别人谈话的目的是未来影响和控制别人。	
18	我能控制混乱的局面。	
19	我想做管官的官，让下级为此得到快乐。	
20	我认为能处理好下级的任务问题，让他们没有怨言。	
21	我有特殊的创意并尝试有效果。	
22	我有专利或专利级别的产品（技术）。	
23	我学习能力强并且精通某个方面。	
24	我爱看科普类文章和栏目。	
25	我认为家是第一位的。	
26	我为了爱人失去了很多。	
27	我会为了情感放弃工作或生活的城市。	
28	对我来说爱情的激励作用非常大。	
29	我认为我的身后有追随者。	
30	我认为我比较有品位，从来不说脏话。	
31	荣誉是我的一切，我为得到荣誉而兴奋。	
32	我出席各种名流的活动。	

（2）在 Excel 工作表"价值倾向统计分析"中输入如图 5-20 所示的表格。其中，各单元格的公式为：

D5 = SUM（价格倾向测试题！C14：C17）。

D6 = SUM（价格倾向测试题！C2：C5）。

D7 = SUM（价格倾向测试题！C18：C21）。

价值倾向测试(DIY)

ABC公司价值倾向测试报告

姓名：　性别：　年龄：　岗位：　日期：

一：价值倾向统计表

区定位	主题词	得分计算途径	得分	百分比	区定位百分比
财政	工作-机会	把第十三到第十六合计出来。	2	5.9%	32.4%
	财富-薪金	把第一题到第四题合计出来。	4	11.8%	
	权力-位置	第十七题与二十题合计出来。	5	14.7%	
品味	尊重-荣誉	把二十九到第三十二合计出来。	5	14.7%	50.0%
	情感-恩德	二十五到第二十八合计出来。	4	11.8%	
	创新-殊情	把第二十一题到二十四题合计出来。	8	23.5%	
生活	享受-自由	把第九题到第十二题合计出来	2	5.9%	17.6%
	健康-安全	把第五题到第八题合计出来。	4	11.8%	

价值倾向统计分析 / 价格倾向测试题

图 5-20　价值倾向统计分析

D8 = SUM(价格倾向测试题! C30:C33)。

D9 = SUM(价格倾向测试题! C26:C29)。

D10 = SUM(价格倾向测试题! C22:C25)。

D11 = SUM(价格倾向测试题! C10:C13)。

D12 = SUM(价格倾向测试题! C6:C9)。

E5 = D5/SUM(D $5:D $12)。

E6 = D6/SUM(D $5:D $12)。

E7 = D7/SUM(D $5:D $12)。

E8 = D8/SUM(D $5:D $12)。

E9 = D9/SUM(D $5:D $12)。

E10 = D10/SUM(D $5:D $12)。

E11 = D11/SUM(D $5:D $12)。

E12 = D12/SUM(D $5:D $12)。

F5 = (E5 + E6 + E7) /SUM(E $5:E $12)。

F8 = (E8 + E9 + E10) /SUM(E $5:E $12)。

F11 = (E11 + E12) /SUM(E $5:E $12)。

(3) 插入如图 5-21 所示的图表。

其中:图表类型为“柱形图”;数据来源 = 价值倾向统计分析! $B $4: $B $12;价值倾向统计分析! $E $4: $E $12。

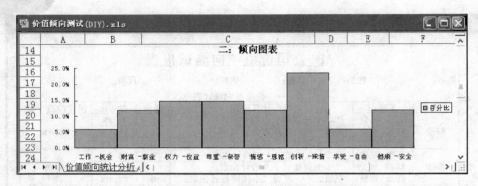

图 5-21　价值倾向统计柱状图

（4）插入如图 5-22 所示的图表。其中：图表类型为"面积图"；数据来源＝价值倾向统计分析！$A$4：$A$12；价值倾向统计分析！$F$4：$F$12。

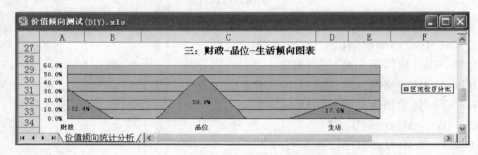

图 5-22　财政—品位—生活倾向面积图

（5）插入表格，判定被测试人的性格特征属于四种类型（进攻型、乐观思考型、消极思考型、防守型）中的哪一类，如图 5-23 所示。

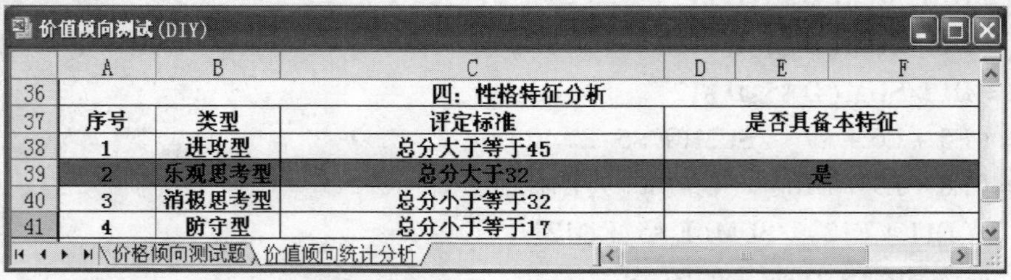

序号	类型	评定标准		是否具备本特征
		四：性格特征分析		
序号	类型	评定标准		是否具备本特征
1	进攻型	总分大于等于45		
2	乐观思考型	总分大于32		是
3	消极思考型	总分小于等于32		
4	防守型	总分小于等于17		

图 5-23　进攻型、乐观思考型、消极思考型、防守型判定表

其中，单元格：

D38＝IF(SUM(D$5：D$12) ＞＝45,"是","")。

D39＝IF(45＞SUM(D$5：D$12) ＞＝32,"是","")。

D40 = IF(17 < SUM(D\$5:D\$12) < = 32,"是","")。

D41 = IF(SUM(D\$5:D\$12) < = 17,"是","")。

采用"条件格式"的形式,将具备该性格特征所在的单元格突出显示颜色。

例如,图5-23中的单元格A39~F39的粉红底色的条件格式设置如图5-24所示,具体步骤为:选中单元格A39~F39,选择"格式"→"条件格式",在"条件1(1)"的右文本框中输入公式,单击"格式"按钮设置格式,单击"确定"按钮。

图5-24　"条件格式"凸显选中性格特征类型

（6）插入表格,判定被测试人在思考问题的特性上是属于体察型(体察人事的能力强,遇事易妥协),还是属于自我型(习惯于自我思考,遇事容易固执),还是二者皆不是,如图5-25所示。其中,单元格:

D44 = IF(((D6 + D11 + D7 + D8) − (D12 + D5 + D10 + D9)) > = 2,"是","")。

D45 = IF(((D12 + D5 + D10 + D9) − (D6 + D11 + D7 + D8)) > = 2,"是","")。

"条件格式"的选取与步骤5类似。

价值倾向测试 (DIY).xls					
	A	B	C	D	E	F
42	五:思考特征分析					
43	序号	类型	特点	是否具备本特征		
44	1	体察型	体察能力强,易妥协			
45	2	自我型	习惯于自我思考,易固执	是		

图5-25　"条件格式"凸显选中思考特征类型

2. 价值倾向测试法解读

将上面的统计分析组合起来,就得到了一份完整的"价值倾向测试报告",如图5-26所示。

	A	B	C	D	E	F
1			ABC公司价值倾向测试报告			
2	姓名:	性别:	年龄:	岗位:	日期:	
3			一：价值倾向统计表			
4	区定位	主题词	得分计算途径	得分	百分比	区定位百分比
5		工作-机会	把第十三到第十六合计出来。	2	5.9%	
6	财政	财富-薪金	把第一题到第四题合计出来。	4	11.8%	32.4%
7		权力-位置	第十七题与二十题合计出来。	5	14.7%	
8		尊重-荣誉	把二十九到第三十二合计出来。	5	14.7%	
9	品味	情感-恩德	二十五到二十八合计出来。	4	11.8%	50.0%
10		创新-殊情	把第二十一题到二十四题合计出来。	8	23.5%	
11	生活	享受-自由	把第九题到第十二题合计出来	2	5.9%	17.6%
12		健康-安全	把第五题到第八题合计出来。	4	11.8%	
13						
14			二：倾向图表			

			三：财政-品位-生活倾向图表			

	A	B	C	D	E	F
36			四：性格特征分析			
37	序号	类型	评定标准		是否具备本特征	
38	1	进攻型	总分大于等于45			
39	2	乐观思考型	总分大于32		是	
40	3	消极思考型	总分小于等于32			
41	4	防守型	总分小于等于17			
42			五：思考特征分析			
43	序号	类型	特点		是否具备本特征	
44	1	体察型	体察能力强，易妥协			
45	2	自我型	习惯于自我思考，易固执		是	

图5-26　价值倾向测试报告

本例中，被测试人"创新"得分最高，对应的生命主题词"殊情"的意思为"特殊的情感"。"殊情"主要用于技术类人员，因为技术类人员相对不善于语言的沟通、情感的表达，但是他们同样有情感的需求，这就要求给他们一些特殊的认同、特殊的支持等。

本例中，被测试人"品味"面积最大，说明被测试人看重的是权利、控制、战略、激励；具备领导、公关、职能和管理的特质，如表5-3所示。

表 5-3　财政—品位—生活对应的标准词和特质

区间	财政	品位	生活	区间	财政	品位	生活
标准词	执行	权力	娱乐	特质	营销	领导	服务
	目标	控制	身体		公关	公关	职能
	财务	战略	时间		控制	职能	
	行政	激励	思考		管理	管理意识	

5.5　习题与练习

1．概念题。

（1）怎样理解精益生产的关键在于人才与岗位的匹配？

（2）阅读本书附录，简述九型人格的典型特征。

2．操作题。

（1）结合实际，利用 Excel 版"九型人格测试"程序，测试本单位员工的性格特征；结合其所在岗位，分析其性格与岗位是否匹配。

（2）结合实际，利用 Excel 版"价值倾向测试法"，测试本单位骨干人才的价值倾向，并对其进行深度沟通。

3．扩展阅读。

（1）阅读与"九型人格论"相关的专业书籍。

（2）阅读与"价值倾向论"相关的专业书籍。

第 6 章

精益采购篇

本 章 要 点

☞ **热点问题聚焦**

1. 精益生产管理总体解决方案,重要的有哪三种?

2. 什么是 ERP? ERP 有哪些核心管理思想? ERP 有哪些优点? ERP 存在哪些风险?

3. 什么是 JIT? JIT 有哪些核心管理思想? JIT 有哪些优点? JIT 存在哪些风险?

4. 什么是 TOC? TOC 有哪些核心管理思想? TOC 有哪些优势? TOC 存在哪些问题?

5. ERP、JIT、TOC 能结合起来使用吗?

6. 笔者创建的 Excel 采购独立计算系统有哪些特点?

7. 为什么对采购人员而言,公司没有 ERP、JIT、TOC 系统时,笔者创建的 Excel 采购独立计算系统能独立使用;公司拥有 ERP、JIT、TOC 系统时,笔者创建的 Excel 采购独立计算系统又能锦上添花?

☞ **精益管理透视**

三种精益生产管理总体解决方案(ERP、JIT、TOC)、"Excel 采购独立计算系统"等。

☞ **Excel 原理剖析**

数据透视表和数据透视图及其"刷新数据"、VLOOKUP( )函数、合并计算功能、用户窗体、模块、控件、命令按钮、宏的录制、VBA 代码、工作簿开机密码、在窗体中执行宏命名按钮等。

☞ **研读目的举要**

1. 懂得精益生产管理总体解决方案最重要的三种方式：ERP、JIT、TOC，了解它们各自的核心管理思想、优点与不足。

2. 掌握"Excel 采购独立计算系统"创建步骤，以便在实际工作中创建出自己的"Excel 采购独立计算系统"。

☞ **经典妙联归纳**

> **三大精益生产整体解决方案**
> **各有千秋　结合得法　相得益彰**
> **一套 Excel 采购独立计算系统**
> **另辟蹊径　运用之妙　锦上添花**

6.1　精益生产三大整体解决方案简介

谈到采购部，以机械设备制造为例，在上世纪80年代以前，在中国是可以避开"生产整体解决方案"不谈的。原因在于那时工厂"五脏俱全"，零部件几乎都是自己工厂制造的，采购部大多采购的是原材料。

时至今日，在全球合作的大背景下，谈到采购部，还是以机械设备制造为例，就必须谈到"生产整体解决方案"。因为随着社会分工的越来越细化，更多的机械制造企业采用的生产模式为：自己只做装配，零部件大多向供应商或子公司采购。采购成了企业生产，特别是整机装备生产的重头戏。谈采购，"生产整体解决方案"就不可能避而不谈。

目前，精益生产管理总体解决方案重要的有三种：企业资源计划（Enterprise Resource Planning，ERP），准时生产方式（Just In Time，JIT），约束理论（Theory Of Constraints，TOC）。

下面逐一对其作简要介绍。

6.1.1　ERP 简介

ERP 是从物料需求计划（Material Requirement Planning，MRP）发展而来的新一代集成化管理信息系统。它扩展了 MRP 的功能，核心思想是供应链管理，它跳出了传统企业边界，从供应链的范围去优化企业的资源，是基于网络经济时代的新一代信息系统。它对于改善企业业务流程、提高企业核心竞争力的作用是显而易见的。

1. ERP 的核心管理思想

ERP 的核心管理思想就是实现对整个供应链的有效管理,主要体现在以下四个方面:

(1) 体现了对整个供应链的资料进行有效管理的思想,实现了对整个企业供应链上的人、财、物等所有资源及其流程的管理。

(2) 体现了精益生产、同步工程和敏捷制造的思想,面对激烈的竞争,企业需要运用同步工程组织生产和敏捷制造,保持产品高质量、多样化、灵活性,实现精益生产。

(3) 体现事先计划与事中控制的思想,ERP 系统中的计划体系主要包括生产计划、物料需求计划、能力需求计划等。

(4) 体现业务流程管理的思想,为提高企业供应链的竞争优势,必然带来企业业务流程的改革,而系统应用程序的使用也必须随业务流程的变化而相应调整。

2. ERP 的优点

(1) 即时性:在当今信息社会里,不仅要知己知彼,还要贵在“即时”,能否如此,其效果迥异。在 ERP 状态下,资料是联动而且是随时更新的,每个有关人员都可以随时掌握即时的资讯。

(2) 集成性:在 ERP 状态下,各种信息的集成,将为决策科学化提供必要条件。ERP 把局部的、片面的信息集成起来,轻松地进行衔接,就使预算、规划更为精确,控制更为落空,也使得实际发生的数字与预算之间的差异分析、管理控制更为容易与快速。

(3) 远见性:ERP 系统的会计子系统,既集财务会计、管理会计、成本会计于一体,又与其他子系统融合在一起,这种系统整合及其系统的信息供给,有利于财务做前瞻性分析与预测。

3. ERP 存在的风险

企业的条件无论多优越,所做的准备无论多充分,实施的风险仍然存在。主要有以下几方面:

(1) 缺乏规划或规划不合理。

(2) 项目预备不充分,表现为硬件选型及 ERP 软件选择错误。

(3) 实施过程控制不严格,阶段成果未达标。

(4) 设计流程缺乏有效的控制环节。

(5) 实施效果未作评估或评估不合理。

(6) 系统安全设计不完善,存在系统被非法入侵的隐患;灾难防范措施不当或不完整,容易造成系统崩溃。

6.1.2 JIT 简介

JIT 是日本丰田汽车公司在 20 世纪 60 年代实行的一种生产方式。在 20 世纪后半期,整个汽车市场进入了一个市场需求多样化的新阶段,而且对质量的要求也越来越高,随之给制造业提出的新课题,即如何有效地组织多品种小批量生产,否则的话,生产过剩所引起的只是设备、人员、非必须费用等一系列的浪费,从而影响到企业的竞争能力以至生存。在这种历史背景下,1953 年,日本丰田公司的副总裁大野耐一综合了单件生产和批量生产的特点和优点,创造了一种在多品种小批量混合生产条件下高质量、低消耗的生产方式,即准时生产。

1. JIT 的核心管理思想

(1) JIT 生产方式的基本思想是"只在需要的时候,按需要的量,生产所需的产品",也就是追求一种无库存或库存达到最小的生产系统。JIT 的基本思想是生产的计划和控制及库存的管理。

(2) JIT 生产方式以准时生产为出发点,首先暴露出生产过量和其他方面的浪费,然后对设备、人员等进行淘汰、调整,达到降低成本、简化计划和提高控制的目的。在生产现场控制技术方面,JIT 的基本原则是在正确的时间,生产正确数量的零件或产品,即准时生产。它将传统生产过程中从前道工序往后道工序送货,改为后道工序根据"看板"向前道工序取货,看板系统是 JIT 生产现场控制技术的核心,但 JIT 不仅仅是看板管理。

(3) JIT 的基础之一是均衡化生产,即平均制造产品,使物流在各作业之间、生产线之间、工序之间、工厂之间平衡、均衡地流动。为达到均衡化,在 JIT 中采用月计划、周计划、日计划,并根据需求变化及时对计划进行调整。

(4) JIT 提倡采用对象专业化布局,以减少排队时间、运输时间和准备时间,在工厂一级采用基于对象专业化布局,以使各批工件能在各操作间和工作间顺利流动,减少通过时间;在流水线和工作中心一级采用微观对象专业化布局和工作中心形布局,可以减少通过时间。

(5) JIT 可以使生产资源合理利用,包括劳动力柔性和设备柔性。当市场需求波动时,要求劳动力资源也作相应调整。如需求量增加不大时,可通过适当调整具有多种技能操作者的操作来完成;当需求量降低时,可采用减少生产班次、解雇临时工、分配多余的操作工去参加维护和维修设备。这就是劳动力柔性的含义。而设备柔性是指在产品设计时就考虑加工问题,发展多功能设备。

(6) JIT 强调全面质量管理,目标是消除不合格品。消除可能引起不合格品的根源,并设法解决问题,JIT 中还包含许多有利于提高质量的因素,如批量小、零件很快移到下工序、质量问题可以及早发现等。

(7) JIT 以订单驱动,通过看板,采用拉动方式把供、产、销紧密地衔接起来,使物资储备,成本库存和在制品大为减少,提高了生产效率。

2. JIT 的优点

(1)降低存货数量。

(2)减少存货准备时间。

(3)工作的流程较佳。

(4)缩短制造时间。

(5)减少空间的需要。

(6)提高产品品质。

3. JIT 存在的风险

(1)第一个风险:无法有系统地确认出最需改善的地方。他们最基本的改善工序能力的方法是等待,一直到有问题发生且中断系统时才改善。不幸地,这种方法无法找出造成产品流程中断的是否为真正的瓶颈资源,它可能只是在一个非瓶颈资源的统计波动,或者是生产计划排程引起的暂时性问题而已。

(2)第二个风险:JIT 后勤系统,除了最终装配站外,无法对任何资源预先做生产排程,最终装配站排程时没有考虑到瓶颈工作站的负荷。此外,除了最终装配站的时间外,没有计算产品的前置时间。

(3)第三个风险:JIT 整体计划性弱,生产控制是被动跟随,工作状态不够稳定。例如,由于企业原材料供应不及时,某生产环节停工,那么此前的所有工序都将处于停工和松弛状态。在生产中类似的不确定因素时有发生,如生产中生产和需求情况发生变化等都会导致工作状态的波动。因此,一定的库存是必要的。

6.1.3 TOC 简介

TOC 根植于最优生产技术(Optimized Production TechNology,OPT)。OPT 是 Goldratt 博士和其他三个以色列籍合作者创立的,他们在 1979 年下半年把它带到美国,成立了 Creative Output 公司。接下去的七年中,OPT 有关软件得到发展,同时 OPT 管理理念和规则(如"鼓—缓冲器—绳子"的计划、控制系统)成熟起来。戈德拉特创立约束理论的目的是想找出各种条件下生产的内在规律,寻求一种分析经营生产问题的科学逻辑思维方式和解决问题的有效方法。

可用一句话来表达 TOC,即找出妨碍实现系统目标的约束条件,并对它进行消除的系统改善方法。TOC 首先是作为一种制造管理理念出现的。TOC 最初被人们理解为对制造业进行管理、解决瓶颈问题的方法,后来几经改进,发展出以"产销率、库存、经营成本"为基础的指标体系,逐渐成为一种面向增加产销率而不是传统的面向减少成本的管理理论和工具,并最终覆盖到企业管理的所有职能方面。

1. TOC 的核心管理思想

TOC 是关于进行改进和如何最好地实施这些改进的一整套管理理念和管理原则,可以帮助企业识别出在实现目标的过程中存在着哪些制约因素,并进一步指出如何实施必要的改进以消除这些约束,从而更有效地实现企业目标。主要表现在:

(1) 企业是一个系统,其目标应当十分明确,那就是在当前和今后为企业获得更多的利润;一切妨碍企业实现整体目标的因素都是约束。约束有各种类型,不仅有物质型的,如市场、物料、能力、资金等,而且还有非物质型的,如后勤及质量保证体系、企业文化和管理体制、规章制度、员工行为规范和工作态度等,以上这些,也可称为策略性约束。

(2) 为了衡量实现目标的业绩和效果,TOC 打破传统的会计成本概念,提出了三项主要衡量指标,即有效产出、库存和运行费用。TOC 认为只能从企业的整体来评价改进的效果,而不能只看局部。库存投资和运行费用虽然可以降低,但是不能降到零以下,只有有效产出才有可能不断增长。

(3) "鼓—缓冲—绳"法(Drum-Buffer-RopeApproach,DBR 法)和缓冲管理法(Buffer Management):TOC 把主生产计划(MPS)比喻成"鼓",根据瓶颈资源和能力约束资源(Capacity Constraint Resources,CCR)的可用能力来确定企业的最大物流量,作为约束全局的"鼓点","鼓点"相当于指挥生产的"节拍";在所有瓶颈和总装工序前要保留物料储备缓冲,以保证充分利用瓶颈资源,实现最大的有效产出。必须按照瓶颈工序的物流量来控制瓶颈工序前道工序的物料投放量。换句话说,头道工序和其他需要控制的工作中心如同用一根传递信息的绳子牵住的队伍,按同一节拍,控制在制品流量,以保持在均衡的物料流动条件下进行生产。瓶颈工序前的非制约工序可以采用倒排计划,瓶颈工序采用顺排计划,后续工序按瓶颈工序的节拍组织生产。

(4) 定义和处理约束的决策方法。TOC 强调了三种方法,统称为思维过程(Thinking Processes,TP):因果关系法(找出"要改变什么",设定一些尽可能少的假设,通过分析和考验,逐一排斥,找出造成约束的根本原因,从而找出解决要害问题的有效方法)、驱散迷雾法(处理"改变的方向"问题,发展了 JIT 对消除无效劳动和浪费的"刨根问底"思想,并提出了一些指导性的规则)、苏格拉底法(老师提问,不给答案,在找出核心问题之后,发动群众对如何解决核心问题献计献策,使献计的人感到问题是由于他提出了办法得以解决,因而产生一种"参与感",更主动地投入改革活动。这方法发展了 JIT 的全员参与的思想)。

2. TOC 的优点

(1) 正视瓶颈的存在并充分利用瓶颈把瓶颈计划调度和非瓶颈计划调度区别对待。瓶颈是控制系统有效产出的控制点,TOC 以瓶颈为核心进行生产管理。考虑到生产调度的相依性,根据概率统计知识,先排先占优。因此,在整个系统排程的决策上,先安排瓶颈的调度并使瓶颈被充分利用,才有可能使系统的性能最优。

（2）TOC 不需要预先设定提前期，提前期是编制计划的结果。TOC 以瓶颈为基准编排计划，提前期就成为加工时间、批量、优先权、生产能力和其他因素的函数，随生产实际的变化而变化。综合了推拉两种方式的优点推式在产出率及设备使用率方面优势明显，但也同时带来需求变动、生产变动、供应波动等带来的库存等问题。拉式在在制品库存的控制及需求满足方面优势明显，但也会相对地造成低产出与设备资源等的低使用率。因此，TOC 以推拉结合的方式编制计划，综合利用了推拉各自的优缺点。

（3）TOC 承认能力不平衡的绝对性，保证生产物流的平衡和生产节奏的同步。由于生产的统计波动性和资源的相互依赖性，TOC 承认能力不平衡的必然性和绝对性，并揭示了物流平衡和能力平衡两者之间的冲突。TOC 在考虑最大产销率的基础上，满足物流平衡这个重要的约束条件，使非瓶颈与瓶颈生产同步，以求生产周期最短，在制品最少。

（4）TOC 是集计划、控制于一体的方法，实现了生产计划和控制的和谐与统一。计划与调度的分离不可避免地导致在制品库存量大、计划不能按时完成以及生产节拍不平衡等问题的发生。TOC 在制订计划时已考虑现场控制的实际，并对准备控制的困难问题（瓶颈）提前进行了计划，一定程度上保证了计划的可行。其次，在计划执行时，由非瓶颈配合瓶颈进行物流平衡，保证计划的可行性和实用性。再次，一旦某个设备成为影响系统产出的限制，漂移发生漂移，系统会重新判定新的瓶颈，再依据新的瓶颈重新建立一个新的物流平衡系统，从而实现控制反过来制约计划的目的，达到计划与控制的集成与统一。

3. TOC 存在的问题

（1）一旦瓶颈发生"漂移"，系统将被迫重新制订生产计划以建立新的平衡系统，原计划作废，这给系统管理增添难度。

（2）TOC 中，正确识别瓶颈是制订生产计划的关键步骤，一旦识别有误，将导致后续工作的更大误差。因此，正确识别瓶颈是系统管理的一个重点、难点。

（3）TOC 识别瓶颈后并据此制订生产计划，可在短期内对生产系统进行优化，并作出短期决策。TOC 极为重视产出和效益，认为企业的最终目标是赚取利润。而长期计划不能仅把产出和效益作为关注点，用 TOC 作决策时应当注意这点。

通过以上对三种生产管理方式的比较可以看出，它们都有各自的优势，而且各自发挥作用的领域不完全相同。ERP 强调以计划为核心，利用计算机为工具监测企业的运行状态，对所有环节进行有效的计划、组织和控制。JIT 是以消除浪费为目的，其管理流程化，及时解决生产中出现的问题，使各生产工序均衡、同步，追求零库存与柔性生产。TOC 把企业看成是一个系统，从提高整体效益出发，认为瓶颈是制约系统生产效率的关键，所以首先要找出瓶颈工序并改善其资源利用率，从而提高整个企业的产出和效益。

在实际的生产管理中，应将 ERP、JIT、TOC 结合起来，将其发展成为一种适应性较广的生产管理方式，为企业所用。首先，以 ERP 为主线，进行系统整体生产计划的制订和控制,计划周期可以为月或周;车间级的作业计划由 TOC 中的 DBR 来完成,计划周期可以为天,重点是对制约环节进行计划和控制。两者的结合在于 BOM、工序描述、资源能力等数据的共享和沟通。其次,以 JIT 为主线进行生产控制和改善。按 TOC 理论可以找出生产线的制约环节,在制约环节前设置一定的在制品或原材料缓冲,以充分利用制约环节。这样转移了管理的重心,减少了管理的难度,也降低了对设备的要求。

综上所述:三大精益生产整体解决方案各有千秋。如果结合得法,则相得益彰。

6.2　【绝妙实例 15】"EXCEL 采购独立计算系统"

ERP、JIT、TOC 均是需要团队和多个计算机接口合作的系统,下面介绍的是笔者创建的单机系统。只要知道整机装配计划,本系统就能依据 BOM 表,瞬间得到所需的采购订单或者采购预测。

6.2.1　"EXCEL 采购独立计算系统"诞生记

笔者曾经在一家著名外企工作。该公司的发展经历了 JIT 精益管理生产模式、JIT 加 ERP 模式、JIT 加 ERP 再加 TOC 模式三个阶段。由于管理得当,公司得以在中国跨越式地发展。

起先,没有 ERP,公司每天生产几十台至上百台的发电机,零部件种类达到数千甚至数万种;每周的装机计划,从计划产生到定稿,往往要改变 5~7 次;每天装配的电机种类和数量,直到装配的上周末才能定稿。

由于公司实行的是 JIT 精益管理生产模式,零部件的采购工作必须做到:不多、不少、不早、不晚、不错! 要达到这样的要求,必须提前准确地告诉每一个供应商所要生产的零部件的种类、数量和交期。

而公司的生产计划,只是整机的装配计划,采购部有责任将其变成零部件的采购计划。这就需要非常及时地做大量的计算工作。整机装配计划是龙头,供应商的零配件采购计划是龙尾。龙头小变,龙尾巨变!

开始,笔者也是跟其他同事一样,无所适从。整天忙于计算零部件的种类和数量。供应商也被我们的计算失误和计算不及时导致的"朝令夕改"弄得晕头转向。

也曾设计过许多小的 Excel 程序,但只是起"特殊计算器"的功能,比较繁琐,需要手工填写相关数据,不尽如人意。

笔者日夜思索,查阅图书馆 Excel 藏书,终于得出一套"EXCEL 采购独立计算系统",上述问题才得以解决。

虽然公司后来推行了 ERP,再后来又推行了 TOC,但笔者的"EXCEL 采购独立计算系统"不仅不过时,反而对 ERP 等软件起到了补充、验证与帮助的作用。

原因何在?

首先,ERP 等软件需要多个岗位的及时输入,才能得到正确的数据,笔者的"Excel 采购独立计算系统""单兵作战",采购人员对他人没有依赖,因此,可以优先于 ERP 等软件,及时向供应商发布采购信息。

其次,就采购而言,如果不经过高手分析,ERP 和 TOC 并不能让采购者达到所采购的零部件不多、不少、不早、不晚、不错的境界,更多的时候,为保险起见,采购来的零部件会比实际需求多一些。而笔者的"EXCEL 采购独立计算系统"的计算依据是:公司的整机的装配计划、公司的"BOM"、"配件计划"。因此,"Excel 采购独立计算系统"的数据和公司的装配与配件发货一一对应,真正体现了 JIT 生产方式的基本思想:只在需要的时候,按需要的量,采购所需的产品。毫无浪费,思路简单清晰。

再次,"EXCEL 采购独立计算系统"并不需懂高深的计算机知识,甚至不需懂编程语言,只要懂得了笔者的"Excel 采购独立计算系统"原理,自己也可以结合自己公司的产品,设计出自己的"Excel 采购独立计算系统",既有"成就感",又有创造的享受感。

下面,继续 ABC 公司在本书第二章的故事,介绍笔者"创建"的"EXCEL 采购独立计算系统"的思路和步骤。此"系统"是笔者多年实战系统的简化和处理版本,旨在介绍"思路和步骤";同时,避免泄露笔者原所在公司的知识产权信息。

在介绍思路和步骤之前,先介绍前几章没有谈及的 Excel 的一个功能:数据透视表和数据透视图。

6.2.2 数据透视表和数据透视图

下面以工作表《周生产计划》为例(如图 6-1),对工作表中的"机械组件"、"定子组件"、"转子组件"、"电器组件"、"连接组件"等进行数据透视分析。

	A	B	C	D	E	F	G	H	I	J
	内部订单号	生产优先级	主机型号	外部订单号	机械组件	定子组件	转子组件	电器组件	连接组件	颜色
2	201101001	2	ABC1A11	04050/001	M1	SA	RA	E1	SAE1-14	红
3	201101002	2	ABC1A12	04050/002	M1	SA	RA	E1	SAE1-18	黑
4	201101003	2	ABC1A23	04050/003	M1	SA	RA	E2	SAE0-14	兰
5	201101004	2	ABC1A14	04050/004	M1	SA	RA	E1	SAE0-18	绿
6	201101005	2	ABC1A15	04050/005	M1	SA	RA	E1	SAE00-18	白
7	201101006	3	ABC1A16	04050/006	M1	SA	RA	E1	SAE00-21	红
8	201101007	3	ABC2A11	04050/007	M2	SA	RA	E1	SAE1-14	黑
9	201101008	1	ABC2A12	04050/008	M2	SA	RA	E1	SAE1-18	兰
10	201101009	2	ABC2A13	04050/009	M2	SA	RA	E1	SAE0-14	绿
11	201101010	3	ABC2A14	04050/010	M2	SA	RA	E1	SAE0-18	白
12	201101011	4	ABC2A15	04050/011	M2	SA	RA	E1	SAE00-18	红
13	201101012	5	ABC2A16	04050/012	M2	SA	RA	E1	SAE00-21	黑
14	201101013		ABC1B11	04050/013	M1	SB	RB	E1	SAE1-14	兰

图 6-1 《周生产计划》表

具体步骤如下：

（1）选择"数据"→"数据透视表和数据透视图"命令，如图 6-2 所示。

（2）单击"下一步"按钮，如图 6-3 所示。

 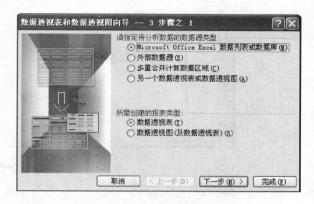

图 6-2　选择"数据透视表和数据透视图"　　　图 6-3　数据透视表和数据透视图向导-3步骤之1

（3）设置选定区域为"周生产计划！$E：$E"，如图 6-4 所示，单击"下一步"按钮。

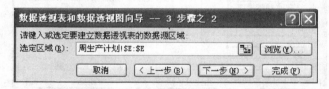

图 6-4　数据透视表和数据透视图向导-3 步骤之 2

（4）选中"新工作表"单选按钮，如图 6-5 所示，单击"完成"按钮。

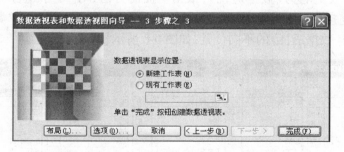

图 6-5　数据透视表和数据透视图向导-3 步骤之 3

（5）选中"数据透视表字段列表"中的"机械组件"，如图 6-6 所示，将其拖曳到"将行字段拖至此处"位置；选中"数据透视表字段列表"中的"机械组件"，将其拖曳到"请将数据项拖至此处"位置。

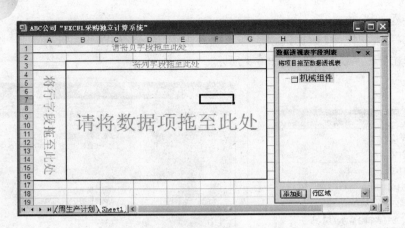

图6-6　拖曳字段到合适位置

（6）系统得到的是各种"机械组件"的统计个数，如图6-7所示。

计数项 机械组件	
机械组件 ▼	汇总
M1	138
M2	136
(空白)	
总计	274

图6-7　"机械组件"数据透视结果

（7）将工作表更名为《数据透视》，依据上面的方法，对"定子组件"、"转子组件"、"电器组件"、"连接组件"等发电机部件的其他组件进行数据透视。将"数据透视"的结果存放在工作表《数据透视》的不同位置，如图6-8所示。

计数项 机械组件		计数项 定子组件		计数项 转子组件		计数项 电器组件		计数项 连接组件	
机械组件 ▼	汇总	定子组件 ▼	汇总	转子组件 ▼	汇总	电器组件 ▼	汇总	连接组件 ▼	汇总
M1	138	SA	89	RA	89	E1	271	(空白)	
M2	136	SB	87	RB	87	E2	3	SAE1-14	46
(空白)		SC	96	RC	96	(空白)		SAE1-18	44
总计	274	SD	2	RD	2	总计	274	SAE0-14	49
		(空白)		(空白)				SAE0-18	45
		总计	274	总计	274			SAE00-18	45
								SAE00-21	45
								总计	274

图6-8　所有发电机组件的数据透视结果

6.2.3　"EXCEL 采购独立计算系统"的思路和步骤

介绍完"数据透视"功能,我们正式介绍此"EXCEL 采购独立计算系统"的大的思路和步骤。

(1)将生产计划部制订的生产周计划完整地复制到"EXCEL 采购独立计算系统"的一个工作表中,如图 6-9 所示。工作表取名为《生产计划部 2011 年第 1 周装配计划 issue1》工作表(issue1 表示版本 1,因为周计划经常会变化,每周会有几个更新版本)。

	A	B	C	D	E	F	G	H	I	J
	内部订单号	生产优先级	主机型号	外部订单号	机械组件	定子组件	转子组件	电器组件	连接组件	颜色
1										
2	201101001	2	ABC1A11	04050/001	M1	SA	RA	E1	SAE1-14	红
3	201101002	2	ABC1A12	04050/002	M1	SA	RA	E1	SAE1-18	黑
4	201101003	2	ABC1A23	04050/003	M1	SA	RA	E2	SAE0-14	兰
5	201101004	2	ABC1A14	04050/004	M1	SA	RA	E1	SAE0-18	绿
6	201101005	2	ABC1A15	04050/005	M1	SA	RA	E1	SAE00-18	白
7	201101006	3	ABC1A16	04050/006	M1	SA	RA	E1	SAE00-21	红
8	201101007	3	ABC2A11	04050/007	M2	SA	RA	E1	SAE1-14	黑
9	201101008	1	ABC2A12	04050/008	M2	SA	RA	E1	SAE1-18	兰
10	201101009	2	ABC2A13	04050/009	M2	SA	RA	E1	SAE0-14	绿
11	201101010	3	ABC2A14	04050/010	M2	SA	RA	E1	SAE0-18	白
12	201101011	4	ABC2A15	04050/011	M2	SA	RA	E1	SAE00-18	红
13	201101012	5	ABC2A16	04050/012	M2	SA	RA	E1	SAE00-21	黑
14	201101013	6	ABC1B11	04050/013	M1	SB	RB	E1	SAE1-14	兰
15	201101014	7	ABC1B12	04050/014	M1	SB	RB	E1	SAE1-18	绿
16	201101015	3	ABC1B23	04050/015	M1	SB	RB	E2	SAE0-14	白
17	201101016	3	ABC1B14	04050/016	M1	SB	RB	E1	SAE0-18	红
18	201101017	3	ABC1B15	04050/017	M1	SB	RB	E1	SAE00-18	黑
19	201101018	3	ABC1B16	04050/018	M1	SB	RB	E1	SAE00-21	兰

生产计划部2011年第1周装配计划issue1

图 6-9　复制生产周计划到"系统"

(2)将《生产计划部 2011 年第 1 周装配计划 issue1》拷贝到《周生产计划选择处理》工作表,按照采购者所需,对装配信息进行选择编辑处理(如图 6-10)。例如,如果只要将星期二装配的整机所需零部件计算出来,则只保留 B 列"生产优先级"中为"2"的行数。

图 6-10　编辑生产周计划

（3）对《周生产计划选择处理》工作表中的数据进行"数据透视"（如图 6-11）。

图 6-11　"数据透视"生产周计划

（4）因为数据透视时，被透视后的数据在排列上，有时会发生没有固定的单元格位置的情况，所以，对《数据透视》工作表中的数据，要进行"VLOOKUP"处理，使得相关数据信息有固定的单元格位置。如图 6-12 所示，在工作表《Vlookup》中，单元格 B2 存储的是机械组件 M1 的数据，B2 = VLOOKUP(A2，数据透视！A∶B，2，0)，其他单元格依此类推。

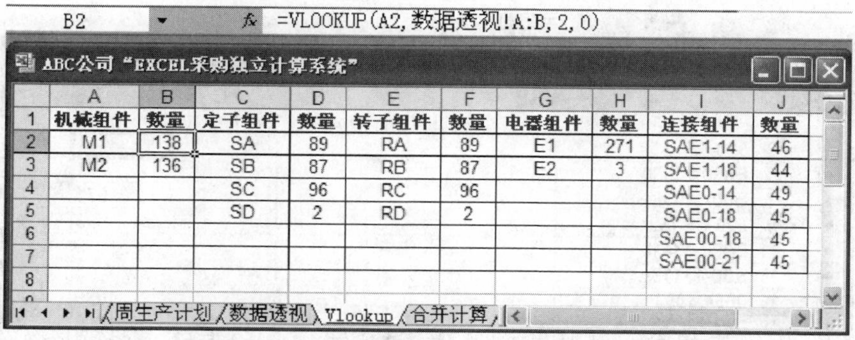

| B2 | ▼ | *fx* | =VLOOKUP(A2,数据透视!A:B,2,0) | | | | | | |

ABC公司"EXCEL采购独立计算系统"

	A	B	C	D	E	F	G	H	I	J
1	机械组件	数量	定子组件	数量	转子组件	数量	电器组件	数量	连接组件	数量
2	M1	138	SA	89	RA	89	E1	271	SAE1-14	46
3	M2	136	SB	87	RB	87	E2	3	SAE1-18	44
4			SC	96	RC	96			SAE0-14	49
5			SD	2	RD	2			SAE0-18	45
6									SAE00-18	45
7									SAE00-21	45
8										

周生产计划／数据透视／Vlookup／合并计算

图6-12 "VLOOKUP"处理"数据透视"表

（5）将组成主机各部件（比如发电机的"机械组件""定子组件""转子组件""电器组件""连接组件"等）的"BOM"与工作表《Vlookup》对应数量联系起来，得出组成该部件的各个零件所需数量。如图6-13所示，例如，机械组件 M1 中零部件号（Part No.）为520WG201E102 的零部件的数量 $F2 = D2 \times Vlookup!\$B\$2$。其他零部件的数量依此类推。

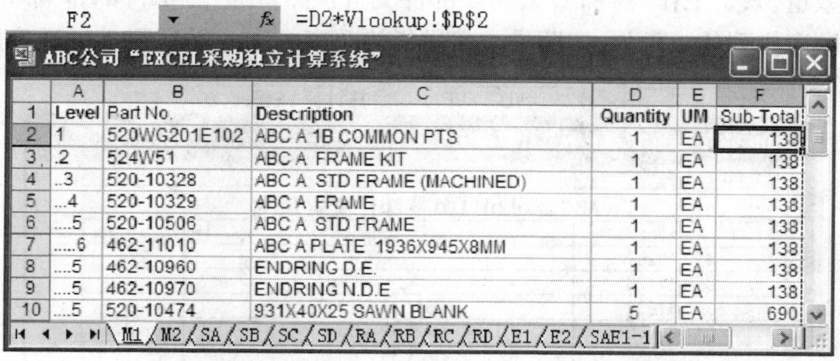

| F2 | ▼ | *fx* | =D2*Vlookup!$B$2 | | | |

ABC公司"EXCEL采购独立计算系统"

	A	B	C	D	E	F
1	Level	Part No.	Description	Quantity	UM	Sub-Total
2	1	520WG201E102	ABC A 1B COMMON PTS	1	EA	138
3	.2	524W51	ABC A FRAME KIT	1	EA	138
4	..3	520-10328	ABC A STD FRAME (MACHINED)	1	EA	138
5	...4	520-10329	ABC A FRAME	1	EA	138
6	5	520-10506	ABC A STD FRAME	1	EA	138
7	6	462-11010	ABC A PLATE 1936X945X8MM	1	EA	138
8	5	462-10960	ENDRING D.E.	1	EA	138
9	5	462-10970	ENDRING N.D.E	1	EA	138
10	5	520-10474	931X40X25 SAWN BLANK	5	EA	690

M1／M2／SA／SB／SC／SD／RA／RB／RC／RD／E1／E2／SAE1-1

图6-13 将"BOM"与工作表《Vlookup》对应数量联系起来

（6）对步骤（5）中得到的所有组成主机各部件（M1、M2、SA、SB、SC、SD、RA、RB、RC、RD、E1、E2、SAE1-14、SAE1-18、SAE0-14、SAE0-18、SAE00-18、SAE00-21）的"BOM"中的F列数据进行合并计算，存放在工作表《合并计算》里，如图6-14所示。

📖 特别说明：Excel"合并计算"功能的具体操作，请读者参考本书第3章相关介绍。其中，"标签位置"的"首行"、"最左列"、"创建连至源数据的链接"三个选项要全部选中复选框。这样，当数据源发生改变时，"合并计算"的结果会随之变化。

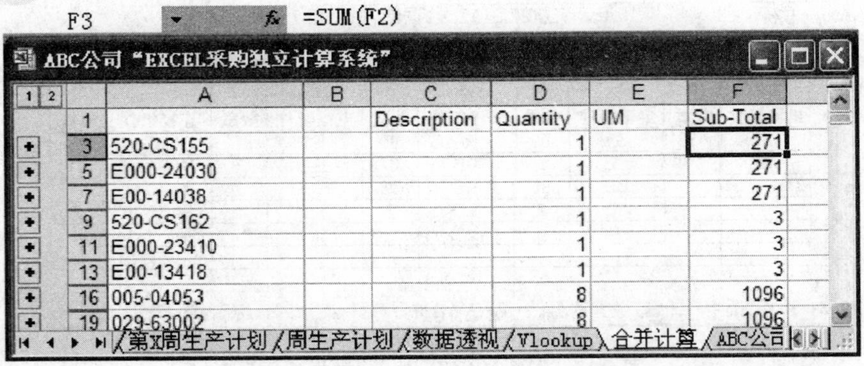

F3   ▼   fx   =SUM(F2)

	A	B	C	D	E	F
1			Description	Quantity	UM	Sub-Total
3	520-CS155			1		271
5	E000-24030			1		271
7	E00-14038			1		271
9	520-CS162			1		3
11	E000-23410			1		3
13	E00-13418			1		3
16	005-04053			8		1096
19	029-63002			8		1096

第X周生产计划 / 周生产计划 / 数据透视 / Vlookup / 合并计算 / ABC公司

图 6-14　合并计算所有组成主机各部件数量

（7）将组成整机的所有的零部件，按照自己所需要的顺序，整理到一个工作表《ABC公司零部件交货预测》内，用 Vlookup( ) 函数与工作表《合并计算》连接起来。例如，零部件 410-10268，其数量 C3 = VLOOKUP（A3，合并计算! A:F，6，0），其他单元格依此类推。其实，工作表《ABC公司零部件交货预测》中各零部件的数量完全等于工作表《合并计算》中各零部件的数量，只是工作表《ABC公司零部件交货预测》中各零部件的排列顺序是按照自己所需要的顺序排列的。例如，按照供应商供货的顺序或同一类型零件的顺序排列。

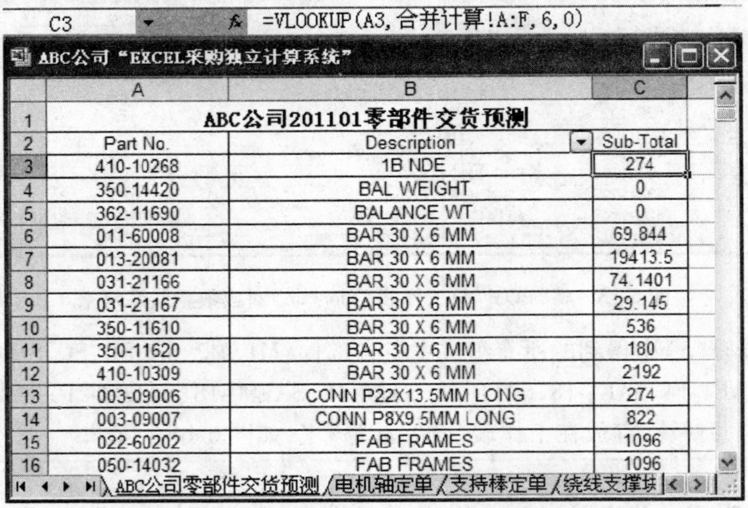

C3   ▼   fx   =VLOOKUP(A3,合并计算!A:F,6,0)

	A	B	C
1	**ABC公司201101零部件交货预测**		
2	Part No.	Description	Sub-Total
3	410-10268	1B NDE	274
4	350-14420	BAL WEIGHT	0
5	362-11690	BALANCE WT	0
6	011-60008	BAR 30 X 6 MM	69.844
7	013-20081	BAR 30 X 6 MM	19413.5
8	031-21166	BAR 30 X 6 MM	74.1401
9	031-21167	BAR 30 X 6 MM	29.145
10	350-11610	BAR 30 X 6 MM	536
11	350-11620	BAR 30 X 6 MM	180
12	410-10309	BAR 30 X 6 MM	2192
13	003-09006	CONN P22X13.5MM LONG	274
14	003-09007	CONN P8X9.5MM LONG	822
15	022-60202	FAB FRAMES	1096
16	050-14032	FAB FRAMES	1096

ABC公司零部件交货预测 / 电机轴定单 / 支持棒定单 / 绕线支撑块

图 6-15　用 Vlookup( ) 函数将《ABC公司零部件交货预测》与《合并计算》连接起来

（8）按照采购订单的格式，将每一个供应商需要供货的零部件数量用 Vlookup( ) 函数与工作表《合并计算》连接起来，如图 6-16 所示。

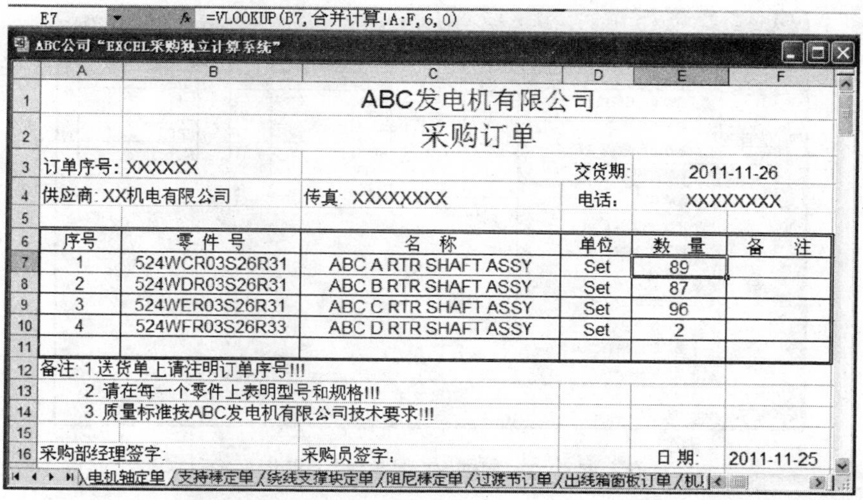

图 6-16　用 Vlookup( ) 函数将采购订单与《合并计算》连接起来

有了"八大步骤"的铺垫,以后再得到最新的生产计划部制订的生产周计划,我们只需做三步:第 1 步和第 2 步,与前面"八大步骤"中的"步骤(1)"和"步骤(2)"相同;第 3 步,如图 6-17 所示,选中工作表《数据透视》中每组数据透视结果的某一单元格,单击鼠标右键,在弹出的下拉菜单中选择"刷新数据"。由于前面"八大步骤"中"步骤(2)"到"步骤(8)"的数据相互链接,数据透视经过"刷新数据"后,所有的数据就得到更新。这样,我们就非常容易地得到了组装这些整机所需的所有零部件预测或订单。所需时间一般不会超过 3 分钟,采购员就节省了大量的时间。

"EXCEL 采购独立计算系统"的核心部分到此便介绍完毕,读者按上面的步骤可以自己设计符合本单位的"EXCEL 采购独立计算系统",在实际运用中,或许还要在"Excel采购独立计算系统"得出的数据基础上,添加从市场部得到的零散的配件信息。

或许,"EXCEL 采购独立计算系统"显得太简单,既没有用计算机语言编程,也没有像其他软件一样华丽的界面,仅仅是将 Excel 的各种菜单和函数综合运用而已。其实,大道至简!"EXCEL 采购独立计算系统"的本质部分,"使唤"的不是计算机语言,而是把菜单和函数当计算机语言来"使唤"。

同时还可以将"EXCEL 采购独立计算系统"中的一些重复的操作用"宏"来完成。本书第 1 章第 5 节介绍了执行"宏"的 5 种简单方式:从菜单栏"工具"中执行"宏",利用快捷键执行"宏",利用艺术字来执行"宏",利用控件工具箱执"宏",在菜单栏中添加宏命令按钮。这里再介绍一种比较高级的方式来执行"EXCEL 采购独立计算系统"的"宏"。

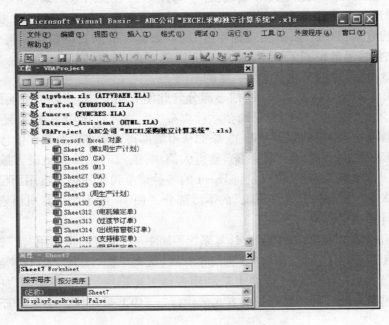

图 6-17 刷新"数据透视"的数据

6.2.4 使用窗体和控件执行宏

下面介绍使用窗体和控件执行宏的具体步骤。

（1）同时按下〈Alt〉和〈F11〉键，如图 6-18 所示，系统弹出 Microsoft Visual Basic 界面。

图 6-18 Microsoft Visual Basic 界面

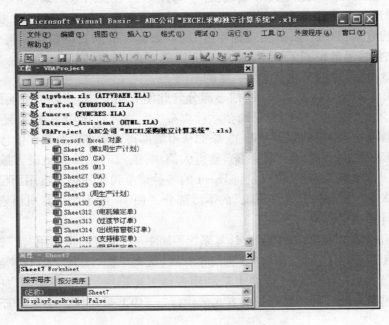

（2）选择"插入"→"用户窗体"命令，如图 6-19 所示。

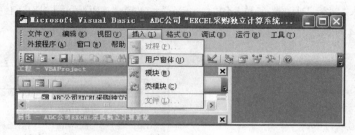

图 6-19　插入"用户窗体"

（3）系统弹出窗体编辑界面和工具箱，如图 6-20 所示。

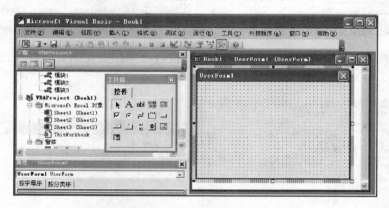

图 6-20　窗体编辑界面和工具箱

（4）将工具箱中的命令按钮选中后拖曳至窗体合适位置，如图 6-21 所示。

（5）对命令按钮的名称、位置、大小进行编辑，命令按钮的名称改为"采购预测"，如图 6-22 所示。

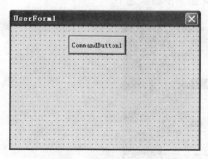

图 6-21　拖曳命令按钮至窗体

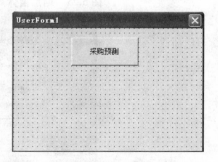

图 6-22　编辑按钮的名称、位置、大小

（6）增加其他命令按钮，如图 6-23 所示。

（7）将窗体"属性"中的"名称"和"Caption"均改为"ABC 公司 EXCEL 采购独立计算系统"，如图 6-24 所示。

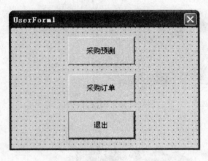

图 6-23　增加其他命令按钮　　　　图 6-24　修改窗体"属性"中的"名称"和"Caption"

（8）单击窗体"属性"中的"Picture"右侧的按钮，增加美化图案并存盘，，如图 6-25、图 6-26 所示。

图 6-25　增加窗体美化图案步骤-2 之 1

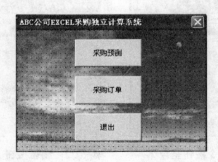

图 6-26　增加窗体美化图案步骤-2 之 2

（9）选择"工具"→"宏"→"录制新宏"命令，如图 6-27 所示。

图 6-27　录制新宏

（10）取宏名为：采购预测，单击"确定"按钮，如图 6-28 所示。

（11）先将工作表《数据透视》全部刷新（参见图 6-17），使数据得到更新；再将工作表《ABC 公司零件交货预测》建立副本，进行复制（如图 6-29、图 6-30）。

（12）将移动和复制得来的工作表《ABC 公司零件交货预测》全部选中，选择"复制"→"选择性粘贴"命令，如图 6-31 所示，选择"粘贴"选项中的"数值"，如图 6-32 所示。

图 6-28　取宏名

图 6-29　移动和复制工作表步骤-2 之 1

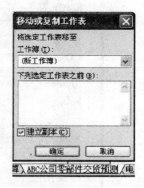

图 6-30　移动和复制工作表步骤-2 之 2

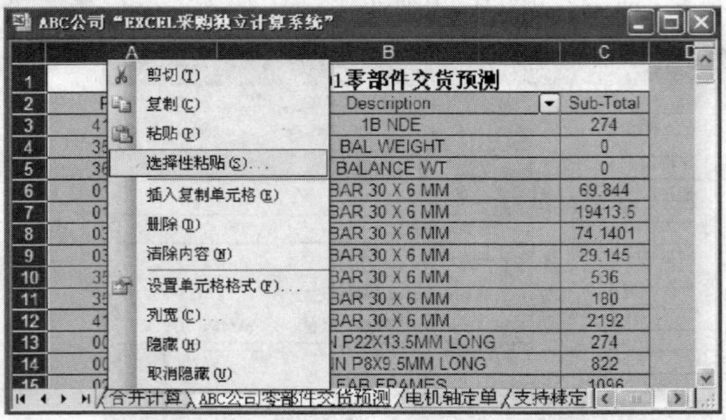

图 6-31 选择性粘贴工作表《ABC 公司
零件交货预测》-2 步骤之 1

图 6-32 选择性粘贴工作表《ABC 公司
零件交货预测》-2 步骤之 2

（13）选择"工具"→"宏"→"停止录制"命令。

（14）同时按下〈Alt〉和〈F11〉键，如图 6-33 所示，系统弹出"Microsoft Visual Basic"界面，选择"视图"→"工程资源管理器"→"模块 1"命令，将录制得到的宏"采购预测"的 VB 语言"Sub 采购预测( )"与"End Sub"之间的部分进行拷贝。

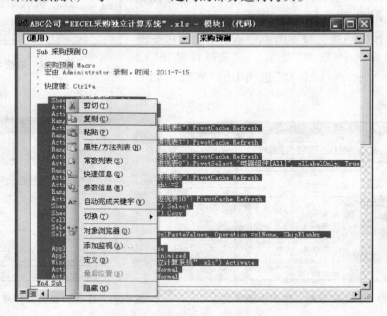

图 6-33 拷贝录制的采购预测"宏"

（15）双击窗体"ABC 公司'EXCEL 采购独立计算系统'"，系统弹出窗体，双击"采购预测"按钮,如图 6-34 所示,将步骤(14)拷贝所得"采购预测"的 VB 语言粘贴到"Private Sub CommandButton1_Click()"和"End Sub"之间。

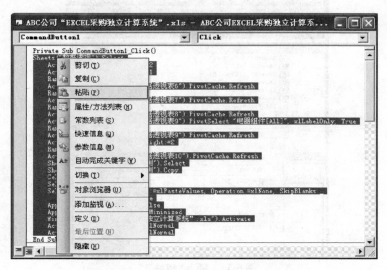

图 6-34　粘贴录制的采购预测"宏"

(16)依照同样的方法,我们选择"工具"→"宏"→"录制新宏"命令,取宏名为"采购订单",单击"确定"按钮。将工作表《数据透视》全部刷新,使数据得到更新,将所有《×××订单》工作表进行复制和选择性粘贴。选择"工具"→"宏"→"停止录制"命令,同时按下〈Alt〉和〈F11〉键,系统弹出"Microsoft Visual Basic"界面,双击"模块 1",将录制得到的宏"采购订单"的 VB 语言"Sub 采购订单()"与"End Sub"之间的部分进行拷贝。单击窗体"ABC 公司'EXCEL 采购独立计算系统'",系统弹出窗体,双击"采购订单"按钮,将拷贝所得"采购订单"的 VBA 语言粘贴到"Private Sub CommandButton2_Click()"和"End Sub"之间。

(17)双击窗体"退出"按钮,在"Private Sub CommandButton3_Click()"和"End Sub"之间填入如下 VB 代码:

Private Sub CommandButton3_Click()

Unload ABC 公司 EXCEL 采购独立计算系统

End Sub

(18)插入"模块 2",如图 6-35 所示,输入如下 VB 代码:

Sub LoaduserformABC 公司 EXCEL 采购独立计算系统()

Load ABC 公司 EXCEL 采购独立计算系统

ABC 公司 EXCEL 采购独立计算系统. Show

215

End Sub

图 6-35　插入"模块 2"

（19）插入"模块 3"，输入 VB 代码并存盘，如图 6-36 所示。

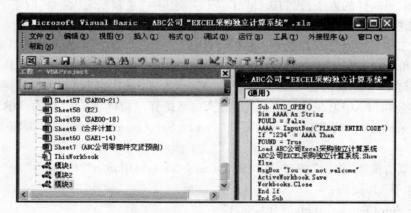

图 6-36　插入"模块 3"

"模块 3"的 VB 代码如下：

```
Sub AUTO_OPEN( )
Dim AAAA As String
FOULD = False
AAAA = InputBox("PLEASE ENTER CODE")
```

If ″1234″ = AAAA Then

FOUND = True

Load ABC 公司 EXCEL 采购独立计算系统

ABC 公司 EXCEL 采购独立计算系统. Show

Else

MsgBox ″You are Not welcome″

ActiveWorkbook. Save

Workbooks. Close

End If

End Sub

这样,当我们重新打开文件"ABC 公司'EXCEL 采购独立计算系统'"时,系统弹出安全警告(如图 6-37),单击"启用宏"按钮。

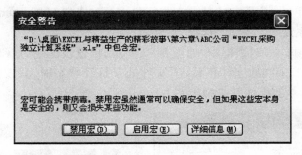

图 6-37 选择启用宏

系统要求输入密码,如图 6-38 所示,输入预先设置的密码"1234",系统弹出如图 6-39 所示窗体;单击"采购预测"按钮,系统就会执行宏命令,我们就能得到最新的工作表《ABC 公司零部件交货预测》;单击"采购订单"按钮,系统就会执行宏命令,我们就能得到最新的所有《×××订单》工作表;单击"退出"按钮,窗体自动退出界面。

图 6-38 输入密码

如果在图 6-37 中单击"禁用宏"按钮,则系统文件"ABC 公司'EXCEL 采购独立计算系统'"会打开,但不能使用宏命名。

如果在图 6-38 中输入的密码是错误的,则系统告诉你不受欢迎,如图 6-40 所示,单击"确定"按钮,文件"ABC 公司'EXCEL 采购独立计算系统'"会自动关闭。

图 6-39　包含执行宏的命名按钮的窗体　　　图 6-40　密码输入错误后弹出"不受欢迎"对话框

在使用过程中,如果单击如图 6-39 所示窗体中的"退出"按钮(或单击了窗体右上方的关闭按钮),则窗体会消失。要想随时让窗体出现,只需按以下步骤设定让窗体出现的快捷键:

● 选择工具菜单→"宏"→"宏",如图 6-41 所示,选择"LoaduserformABC 公司 EX-CEL 采购独立计算系统"宏,单击"选项"按钮。

● 在弹出的"宏选项"对话框中,如图 6-42 所示,设置快捷键为〈Ctrl〉+〈A〉。

这样,在"EXCEL 采购独立计算系统"文件处于打开状态时,只要同时按下〈Ctrl〉+〈A〉键,如图 6-39 所示的窗体就会弹出。

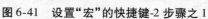

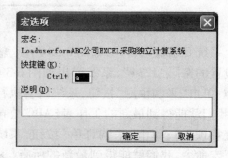

图 6-41　设置"宏"的快捷键-2 步骤之 1　　　图 6-42　设置"宏"的快捷键-2 步骤之 2

读者可以将预测或订单细化到每一天;可以在窗体中设计更多的命名按钮,录制更多的宏;将预测或订单细化到每一天的操作录制为"宏",拷贝到相应的命名按钮上(如图6-43);也可以将采购预测依据不同的供应商分成不同的工作表;等等。

总之,这是一个开放的、"DIY"的系统,笔者这里讲的原理和思路作为引玉之砖,希望读者在学习完本书后能有所启发,在 Excel 或永中 Office(国产软件永中 Office 的运用和Excel 一模一样)的运用中,创造奇迹,谱写新篇。

6-43　包含将预测或订单细化到每一天的"宏"命名按钮的窗体

6.3　习题与练习

1. 概念题。

（1）简述 ERP 的核心管理思想、优点、存在的风险。

（2）简述 JIT 的核心管理思想、优点、存在的风险。

（3）简述 TOC 的核心管理思想、优点、存在的风险。

（4）如何将 ERP、JIT、TOC 结合起来使用？

（5）简述笔者创建的 Excel 采购独立计算系统的特点。

2. 操作题。

反复模拟和使用笔者创建的 EXCEL 采购独立计算系统，在此基础上，与自己所在公司的实际情况相结合，创建自己的 EXCEL 采购独立计算系统。

3. 扩展阅读。

（1）阅读与"ERP"相关的专业书籍。

（2）阅读与"JIT"相关的专业书籍。

（3）阅读与"TOC"相关的专业书籍。

附录　本书所附实例文件清单

章节	序号	文件名称	文件类型	文件大小
第1章	1	《ABC 公司生产的电动机"BOM"》	Excel	271KB
	2	《ff》	Excel	28KB
	3	《Translate soft Of Excel（DIY）》	Excel	7.45MB
	4	《图纸发放管理登记表》	Excel	35KB
	5	《图纸发放管理登记表 ok》	Excel	36KB
第2章	1	《2011 年第一周生产计划》	Access	1.99MB
	2	《2011 年第一周生产计划》	Excel	250KB
	3	《ABC 公司装配车间生产节奏平衡表》	Excel	32KB
第3章	1	《ABC 公司零部件盘点数目表》	Excel	53KB
	2	《ABC 公司零部件盘点数目表（用合并计算汇总）》	Excel	303KB
	3	《ABC 公司零部件账面数目表》	Excel	62KB
	4	《ABC 公司盘点表》	Excel	79KB
	5	《ABC 公司盘点表（手工对账）》	Excel	138KB
	6	《ABC 公司盘点数目和手工数目比较》	Excel	138KB
	7	《ABC 公司盘点数目和账面数目比较》	Excel	164KB
	8	《利用 ABC 公司生产的电动机 BOM 保证零部件名称的唯一性》	Excel	3.62MB
	9	《用 Vlookup 和 IF 完成"账面账"和"盘点账"的对比问题》	Excel	135KB
第4章	1	《排列图》	Excel	256KB
	2	《spc 控制图》	Excel	155KB
	3	《直方图与正态分布图》	Excel	124KB
	4	《供应商评分表》	Excel	44KB
第5章	1	《九型人格测试（DIY）》	Excel	980KB
	2	《价值倾向测试（DIY）》	Excel	118KB
	3	《九型人格典型特征》	Word	73.5KB
第6章	1	《ABC 公司"EXCEL 采购独立计算系统"》	Excel	2.37MB
	2	《背景》	JPE	25KB
	3	《背景2》	JPE	127KB

（下载网站：www.sudapress.com/down.asp）

参考文献

1. 蒋维豪. 向丰田学管理——生产运营管理篇(6VCD). 北京:北京高教音像出版社,2008,10.

2. 陈浪. 九型人格与领导力(6VCD). 广州:广州音像出版社,2007.6.

3. 贾长松. 激活高效人才:东方名家(10VCD). 北京:中国科学文化音像出版社,2009.8.

4. Joshua Nossiter,诺斯特(美),巧学活用 Microsoft Excel 97 中文版. 北京:机械工业出版社,1997.7.

5. 王成春,萧雅云. 实战 EXCEL 2002 VBA 程序设计实务. 北京:中国铁道出版社,2003.7.

6. 宇传华,颜杰. Excel 与数据分析. 北京:电子工业出版社,2003.6.

7. 耿萍,杨虹. Excel 在财务管理中的应用. 北京:中国铁道出版社,2002.7.

8. 孙志刚,杨聪. Excel 在经济与数理统计中的应用. 北京:中国电力出版社,2004.1.